数字工匠能力培养丛书

高等职业技术教育精品教材

AutoCAD 与通信工程制图
（第二版）

主　编　刘修军　徐　佩　彭小春

副主编　袁运平　涂芳林　黄诒军

　　　　李荒墨　潘光绪　向晓辉

主　审　鲁　军

西南交通大学出版社

·成　都·

图书在版编目（ＣＩＰ）数据

AutoCAD 与通信工程制图 / 刘修军，徐佩，彭小春主编. -- 2版. -- 成都：西南交通大学出版社，2025.7. （高等职业技术教育精品教材）. -- ISBN 978-7-5643-9988-7

Ⅰ.TN91

中国国家版本馆 CIP 数据核字第 2024AV3359 号

数字工匠能力培养丛书
高等职业技术教育精品教材
AutoCAD yu Tongxin Gongcheng Zhitu（Di-er Ban）

AutoCAD 与通信工程制图（第二版）

主　编	刘修军　徐　佩　彭小春
策划编辑	黄庆斌
责任编辑	李　伟
封面设计	吴　兵
出版发行	西南交通大学出版社 （四川省成都市金牛区二环路北一段 111 号 西南交通大学创新大厦 21 楼）
邮政编码	610031
发行部电话	028-87600564　028-87600533
网址	https://www.xnjdcbs.com
印刷	四川森林印务有限责任公司
成品尺寸	185 mm × 260 mm
印张	10.75
字数	269 千
版次	2020 年 9 月第 1 版　2025 年 7 月第 2 版
印次	2025 年 7 月第 1 次　（累计印刷 4 次）
定价	39.80 元
书号	ISBN 978-7-5643-9988-7

课件咨询电话：028-81435775
图书如有印装质量问题　本社负责退换
版权所有　盗版必究　举报电话：028-87600562

第二版前言

本书是根据高等职业教育通信技术、移动通信技术及相近专业的教学要求编写的。在编写过程中，编者认真贯彻落实教育部《关于全面提高高等职业教育教学质量的若干意见》（教高〔2006〕16号文件）的精神，本着结合专业特点和专业需求的原则，深入进行行业调研，并以"必需、够用、实用"为原则，强调对学生实践技能的培养，将"教""学""做""评"融为一体。

本书从初学者的角度出发，依据通信工程制图对计算机绘图的基本要求，以AutoCAD绘制案例图为载体，以某通信设计院实际项目为参考，接近通信工程实际，并通过校企合作的形式，结合行业发展需求，使学生在较短的时间内掌握AutoCAD与通信工程设计制图的基本知识和技能，极大地提高了学习效率。

本书知识系统全面，章节安排合理，行文通俗易懂，内容丰富，融知识性、系统性、可读性、实用性和指导性于一体，既便于教师教学，又便于学生自学。

本书由重庆电讯职业学院通信工程与工业互联网学院刘修军、徐佩和重庆市信息通信咨询设计院有限公司兼职技术顾问彭小春担任主编；重庆电讯职业学院袁运平、涂芳林、黄诒军、李荒墨、潘光绪和重庆市信息通信咨询设计院有限公司向晓辉担任副主编；重庆电讯职业学院通信工程与工业互联网学院鲁军院长担任主审，并为本书的编写提出了很多指导性意见。

在本书编写过程中，编者参考了众多专家学者的研究成果，书后列出了参考文献，在此向所有作者表示深深的谢意。

由于编者水平有限，书中难免有疏漏和不妥之处，恳请读者批评指正。

编　者
2024年1月于重庆

第一版前言

本书是根据高等职业教育通信技术、移动通信技术及相近专业的教学要求编写的。在编写过程中，编者认真贯彻落实教育部《关于全面提高高等职业教育教学质量的若干意见》（教高〔2006〕16号文件）的精神，本着结合专业特点和专业需求的原则，深入进行行业调研，并以"必需、够用、实用"为原则，强调对学生实践技能的培养，将"教""学""做""评"融为一体。

本书从初学者的角度出发，依据通信工程制图对计算机绘图的基本要求，以 AutoCAD 绘制案例图为载体，以某通信设计院实际项目为参考，接近通信工程实际，并通过校企合作的形式，结合行业发展需求，使学生能在较短的时间掌握 AutoCAD 与通信工程制图的基本知识和技能，极大地提高学习效率。

本书由重庆电讯职业学院通信工程与物联网学院刘修军和重庆市信息通信咨询设计院有限公司彭小春担任主编，重庆电讯职业学院通信工程与物联网学院王磊、徐佩、况君担任副主编。重庆电讯职业学院通信工程与物联网学院鲁军院长担任本书主审，并为本书的编写提出了很多指导性意见。其中，刘修军编写项目一至项目五，彭小春编写项目七，徐佩编写项目六，王磊、况君对本书进行了校对。

在本书编写过程中，编者参考了众多专家学者的研究成果，书后列出了参考文献，在此向所有作者表示深深的谢意。

由于编者水平有限，书中难免有疏漏和不妥之处，恳请读者批评指正。

编　者
2020年1月于重庆

目　　录

项目一　通信工程及通信工程制图的整体认知 ·· 1
　　任务一　通信工程的基本概念 ·· 1
　　任务二　通信工程制图的概念 ·· 6
　　任务三　通信工程制图的统一规定 ·· 7
　　任务四　通信工程设计流程 ··· 16
　　总　　结 ·· 19
　　思考题 ··· 19
　　项目实训 ··· 19

项目二　绘图软件基本操作 ·· 20
　　任务一　AutoCAD 基础知识 ··· 20
　　任务二　AutoCAD 文件操作 ··· 26
　　任务三　绘图环境设置 ·· 34
　　总　　结 ·· 43
　　思考题 ··· 44
　　项目实训 ··· 44

项目三　绘图软件的应用 ·· 45
　　任务一　图层、线型、线宽及颜色设置 ··· 45
　　任务二　二维图形的绘制 ·· 48
　　任务三　常用二维图形的编辑 ·· 66
　　任务四　文本、表格与尺寸标注 ·· 81
　　任务五　图形的输入和输出 ··· 98
　　总　　结 ··· 103
　　思考题 ·· 103
　　项目实训 ·· 103

项目四　通信工程现场勘查与草图绘制 ·· 105
　　任务一　光缆线路工程现场勘查与草图绘制 ·· 105
　　任务二　无线基站工程勘查与草图绘制 ·· 108
　　任务三　机房勘查与草图绘制 ··· 114

总　　结 ·· 119
　　思考题 ··· 119
　　项目实训 ·· 119

项目五　通信工程施工图绘制要求 ·· 121
　　任务一　施工图绘制要求及注意事项 ·· 121
　　任务二　施工图设计阶段图纸应达到的深度 ··· 122
　　总　　结 ·· 124
　　思考题 ··· 124
　　项目实训 ·· 124

项目六　通信工程图例实训 ··· 126
　　总　　结 ·· 136
　　思考题 ··· 136
　　项目实训 ·· 136

项目七　无线基站通信工程制图范例 ··· 137
　　任务一　LTE 室外站设计图范例 ··· 137
　　任务二　LTE 室内分布系统设计图范例 ·· 141
　　总　　结 ·· 148
　　思考题 ··· 148
　　项目实训 ·· 148

参考文献 ··· 149

附录　通信工程制图中的常用图形符号 ·· 150

项目一 通信工程及通信工程制图的整体认知

项目学习任务

任务一　通信工程的基本概念
任务二　通信工程制图的概念
任务三　通信工程制图的统一规定
任务四　通信工程设计流程

任务一　通信工程的基本概念

通信工程是指通信系统工程设计、通信网络线路建设、通信场地施工及通信设备安装施工。它主要包括天线的架设、通信线路架设和敷设、通信设备安装调试、通信附属设施的施工等内容。通信工程建设需遵守基本的建设程序，按照规划、设计、准备、施工和竣工投产5个阶段进行，实行工程项目管理，这对提高工程质量、保证工期、降低建设成本起到了重要作用。

一、建设项目

（一）建设项目的概念

建设项目是指按一个总体设计进行建设，经济上实行统一核算，行政上有独立的组织形式，实行统一管理的建设单位。一个建设项目一般可以包括一个或若干个单项工程，其构成如图1-1-1所示。

单项工程：具有单独的设计文件，建成后能够独立发挥生产能力或效益的工程。单项工程是建设项目的组成部分，如重庆市江津区管道电缆线路至架空交接箱配线单项工程一阶段设计。

单位工程：具有独立的设计，可以独立组织施工的工程，但建成后不能独立发挥生产能力或使用效益。单位工程是单项工程的组成部分，一个单位工程包含若干个分部工程、分项工程，如重庆市江津区管道电缆线路至架空交接箱配线路由一阶段施工设计。

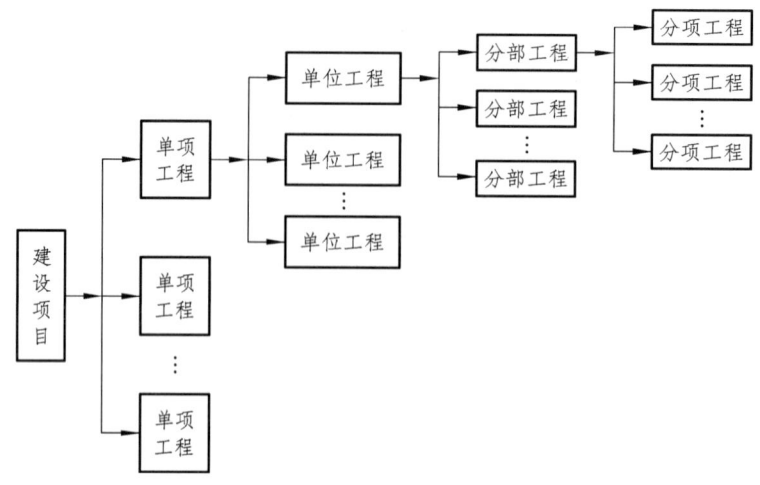

图 1-1-1　建设项目构成

分部工程：单位工程的组成部分。分部工程按工种来划分，例如重庆电讯职业学院笃行楼基站设备安装单项工程中的勘察设计工程、综合布线工程、设备安装工程、网络配置工程等。分部工程按单位工程的构成部分可划分为基础工程、墙体工程、走线架工程、电源工程、空调工程、防水工程等。

分项工程：分部工程的组成部分。例如电源工程还可以划分为交流配电箱安装、蓄电池设计安装、发电机设计安装等。

（二）建设项目的分类

建设项目可按不同标准、原则或方法进行分类，如图 1-1-2 所示。

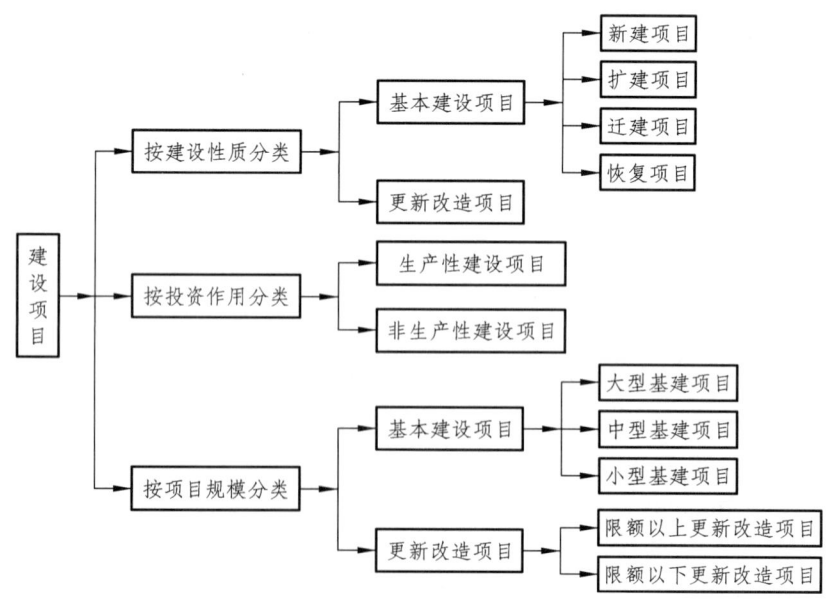

图 1-1-2　建设项目分类

1. 按建设性质分类

建设项目按其建设性质可划分为基本建设项目和更新改造项目两大类。

1）基本建设项目

基本建设项目简称基建项目,是投资建设用于以扩大生产能力或增加工程效益为主要目的进行的新建、扩建工程及有关工作。基本建设项目包括新建项目、扩建项目、迁建项目、恢复项目。

2）更新改造项目

更新改造项目是指建设资金用于对企、事业单位原有设施进行技术改造或固定资产更新,以及相应配套的辅助性生产、生活福利等工程和有关工作。更新改造项目一般包括挖潜工程、节能工程、安全工程和环境工程等。

2. 按投资作用分类

建设项目按其投资在国民经济各部门中的作用,分为生产性建设项目和非生产性建设项目。

1）生产性建设项目

生产性建设项目是指直接用于物质生产或直接为物质生产服务的建设项目,主要包括工业建设、农业建设、基础设施建设、商业建设。

2）非生产性建设项目

非生产性建设项目包括用于满足人民物质和文化、福利需要的建设及非物质生产部门的建设,主要包括办公用房建设、居住建筑建设、公共建筑建设以及其他非生产性建设。

3. 按项目规模分类

按照国家规定的标准,基本建设项目可划分为大型、中型、小型三类;更新改造项目可划分为限额以上和限额以下两类。不同等级标准的建设项目,国家规定的审批机关和报建程序也不尽相同。

二、通信建设工程划分

为加强通信建设管理,规范工程施工行为,确保通信建设工程质量,原邮电部以邮部〔1995〕945号文件发布《通信建设工程类别划分标准》,将通信建设工程分别按建设项目、单项工程划分为一类工程、二类工程、三类工程、四类工程。每类工程的设计单位和施工企业级别都有严格的规定,不允许级别低的单位或企业承建高级别的工程。

（1）符合下列条件之一者为一类工程:

① 大、中型项目或投资在 5 000 万元以上的通信工程项目;

② 省际通信工程项目;

③ 投资在 2 000 万元以上的部定通信工程项目。

（2）符合下列条件之一者为二类工程：
① 投资在 2 000 万元以下的部定通信工程项目；
② 省内通信干线工程项目；
③ 投资在 2 000 万元以上的省定通信工程项目。
（3）符合下列条件之一者为三类工程：
① 投资在 2 000 万元以下的省定通信工程项目；
② 投资在 500 万元以上的通信工程项目；
③ 地市局工程项目。
（4）符合下列条件之一者为四类工程：
① 县局工程项目；
② 其他小型项目。

通信工程可按通信专业分为六大建设项目，每个建设项目又可分为多个单项工程，初步设计概算和施工图预算应按单项工程编制。

通信建设单项工程项目的划分见表 1-1-1。

表 1-1-1 通信建设单项工程项目划分

专业类别	单项工程名称	备 注
通信线路工程	（1）××光、电缆线路工程； （2）××水底光、电缆工程（包括水线房建筑及设备安装）； （3）××用户线路工程（包括主干及配线光、电缆，交接及配线设备，集线器，杆路等）； （4）××综合布线系统工程	进局及中继光（电）缆工程可按每个城市作为一个单项工程
通信管道工程	通信管道工程	
通信传输设备安装工程	（1）××数字复用设备及光、电设备安装工程； （2）××中继设备、光放设备安装工程	
微波通信设备安装工程	××微波通信设备安装工程（包括天线、馈线）	
卫星通信设备安装工程	××地球站通信设备安装工程（包括天线、馈线）	
移动通信设备安装工程	（1）××移动控制中心设备安装工程； （2）基站设备安装工程（包括天线、馈线）； （3）分布系统设备安装工程	
通信交换设备安装工程	××通信交换设备安装工程	
数据通信设备安装工程	××数据通信设备安装工程	
供电设备安装工程	××电源设备安装工程（包括专用高压供电线路工程）	

通信线路工程类别划分见表 1-1-2。

表 1-1-2 通信线路工程类别

序号	项目名称	一类工程	二类工程	三类工程	四类工程
1	长途干线	省际	省内	本地网	—
2	海缆	50 km 以上	50 km 以下	—	—
3	市话线路	—	中继光缆或 2 万门以上市话主干线路	局间中继电缆线路或 2 万门以下市话主干线路	市话配线工程或 4 000 门以下线路工程
4	有线电视网	—	省会及地市级城市有线电视网线路工程	县以下有线电视网线路工程	—
5	建筑楼宇综合布线工程	—	10 000 m² 以上建筑物综合布线工程	5 000 m² 以上建筑物综合布线工程	5 000 m² 以下建筑物综合布线工程
6	通信管道工程	—	48 孔以上	24 孔以上	24 孔以下

通信设备安装工程类别划分见表 1-1-3。

表 1-1-3 通信设备安装工程类别

序号	项目名称	一类工程	二类工程	三类工程	四类工程
1	市话交换	4 万门以上	1 万~4 万门	4 000~1 万门	4 000 门以下
2	长途交换	2 500 路终端以上	2 500 路端以下	500 路端以下	—
3	通信干线传输及终端	省际	省内	本地网	—
4	移动通信及无线寻呼	省会局移动通信	地市局移动通信	无线寻呼设备工程	—
5	卫星地球站	C 频段天线直径 10 m 以上及 Ku 频段天线直径 5 m 以上	C 频段天线直径 10 m 以下及 Ku 频段天线直径 5 m 以下	—	—
6	无线铁塔	—	铁塔高度 100 m 以上	铁塔高度 100 m 以下	—
7	数据网、分组交换网等非话务业务	省际	省会局以下	—	—
8	电源	一类工程配套电源	二类工程配套电源	三类工程配套电源	四类工程配套电源

注：① 新业务发展按相对应的等级套用；
② 本标准中×××以上不包括×××本身，×××以下包括×××本身；
③ 天线铁塔、市话线路、有线电视网、建筑楼宇综合布线工程无一类工程收费的专业；
④ 卫星地球站、数据网、分组交换网等专业无三、四类工程，丙、丁级设计单位和三、四级施工企业不得承担此类工程任务，其他专业依此原则办理。

任务二 通信工程制图的概念

一、通信工程制图概述

通信工程图纸是在对施工现场仔细勘察和认真搜索资料的基础上，通过图形符号、文字符号、文字说明及标注来表达具体工程性质的一种图纸。它是通信工程设计的重要组成部分，是指导施工的主要依据。通信工程图纸里面包含了路由信息、设备配置安装情况、技术数据、主要说明等内容。

通信工程制图就是将图形符号、文字符号按不同专业的要求画在一个平面上，使工程施工技术人员通过阅读图纸就能够了解工程规模、工程内容，统计出工程量及编制工程概预算。只有绘制出准确的通信工程图纸，才能对通信工程施工具有正确的指导性意义。因此，通信工程技术人员必须掌握通信工程制图的方法。

为了便于工程应用与交流，保证生产顺利进行，使通信工程的图纸做到规格统一、画法一致，图面清晰，符合施工、存档和生产维护要求，在进行设计时，设计出的每一张图纸以及图纸上标志出的每一个数据、符号都应符合国家标准，这些标准对有关的文字、图形、符号、标志及代号都作了详细规定，这样有利于提高设计效率、保证设计质量和适应通信工程建设的需要。

在设计过程中，要求依据以下国家及行业标准编制通信工程制图与图形符号标准：

GB/T 4728.1～13《电气简图用图形符号》

GB/T 6988.1～7《电气技术用文件的编制》

GB/T 50104—2010《建筑制图标准》

GB/T 20939—2007《技术产品及技术产品文件结构原则 字母代码 按项目用途和任务划分的主类和子类》

YD/T 5015—2015《通信工程制图与图形符号规定》

二、通信工程制图的总体要求

通信工程制图的总体要求如下：

（1）根据表述对象的性质、论述的目的与内容，选取适宜的图纸及表达手段，以便完整地表述主题内容。当几种手段均可达到目的时，应采用简单的方式。例如，描述系统时，框图和电路图均能表达，则应选择框图；当单线表示法和多线表示法同时能明确表达时，宜使用单线表示法；当多种画法均可达到表达的目的时，图纸宜简不宜繁。

（2）图面应布局合理，排列均匀，轮廓清晰，便于识别。

（3）应选取合适的图线宽度，避免图中的线条过粗或过细。标准通信工程制图图形符号的线条除有意加粗者外，一般都是粗细统一的，一张图上要尽量统一。但是，不同大小的图纸（如 A1 和 A4 图）可有不同，为了视图方便，大图的线条可以相对粗些。

（4）正确使用国标和行标规定的图形符号。派生新的符号时，应符合国标图形符号的派生规律，并应在适合的地方加以说明。

（5）在保证图面布局紧凑和使用方便的前提下，应选择合适的图纸幅面，使原图大小适中。

（6）应准确地按规定标注各种必要的技术数据和注释，并按规定进行书写和打印。

（7）工程设计图纸应按规定设置图衔，并按规定的责任范围签字。各种图纸应按规定顺序编号。

（8）总平面图、机房平面布置图、移动通信基站天线位置及馈线走向图应设置指北针。

（9）对于线路工程，设计图纸应按照从左往右的顺序制图，并设指北针；线路图纸分段按"起点至终点，分歧点至终点"的原则划分。

任务三　通信工程制图的统一规定

一、图幅尺寸

工程设计图纸幅面和图框大小应符合国家标准《电气技术用文件的编制》（GB/T 6988.2）的规定，一般采用 A0、A1、A2、A3、A4 及其加长的图纸幅面。图纸的幅面和图框尺寸应符合表 1-3-1 的规定和图 1-3-1 的格式。

表 1-3-1　图纸幅面和图框尺寸

幅面代号	A0	A1	A2	A3	A4
图框尺寸（$B \times L$）/mm	841×1 189	594×841	420×594	297×420	210×297
侧边框距 c/mm	10			5	
装订侧边框距 a/mm	25				

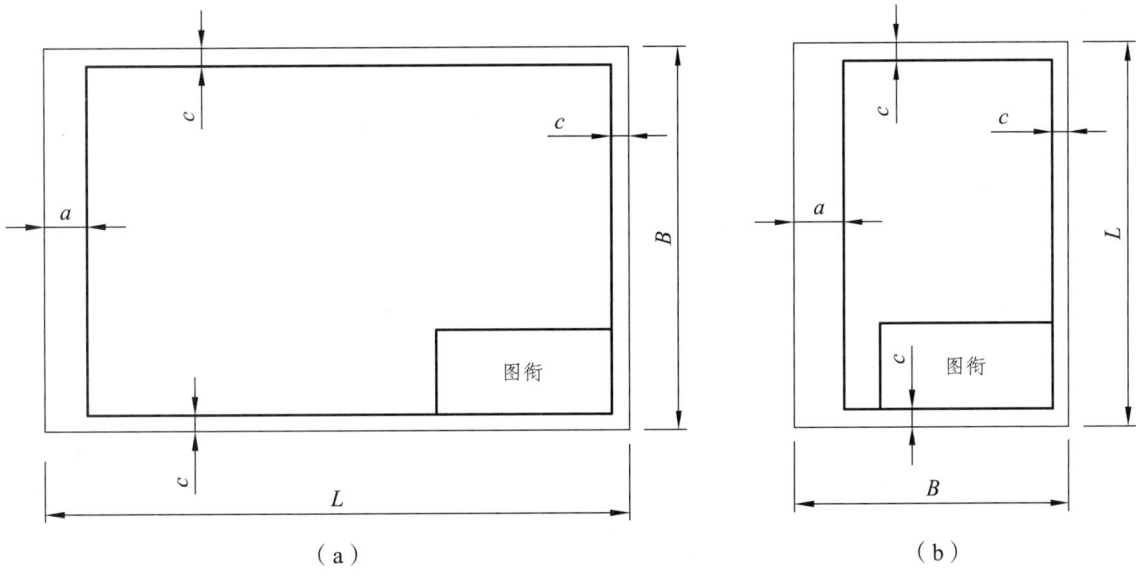

（a）　　　　　　　　　　　　（b）

图 1-3-1　图框格式

当上述幅面不能满足要求时，可按照《技术制图 图纸幅面及格式》（GB/T 14689）的规定加大幅面，也可在不影响整体视图效果的情况下分割成若干张图进行绘制。根据表述对象的规模大小、复杂程度、所要表达的详细程度、有无图衔及注释的数量来选择较小的合适幅面。

二、图线名称及用途

图线名称及用途见表1-3-2。

表1-3-2 图线名称及用途

图线名称	一般用途
实线	基本线条：图纸主要内容用线，如轮廓线
虚线	辅助线条：屏蔽线、机械连接线、不可见轮廓线、计划扩展内容用线
点画线	图框线：表示分界线、结构图框线、功能图框线、分级图框线
双点画线	辅助图框线：表示更多的功能组合或从某种图框中区分不属于它的功能部件

图线的宽度一般为0.25、0.3、0.35、0.5、0.6、0.7、1.0、1.2、1.4等（单位符号为mm）。通常宜选用两种宽度的图线，粗线的宽度为细线宽度的两倍，主要图线粗些，次要图线细些。对于复杂的图纸，也可采用粗、中、细三种线宽，线的宽度按2的倍数依次递增，但线宽种类也不宜过多。使用图线绘图时，应使图形的比例和配线协调恰当、重点突出、主次分明，在同一张图纸上，按不同比例绘制的图样及同类图形的图线粗细应保持一致。

细实线是最常用的线条。在以细实线为主的图纸上，粗实线主要用于主回路线、图纸的图框及需要突出的设备、线路、电路等处。指引线、尺寸线、标注线应使用细实线。当需要区分新安装的设备时，粗线表示新建，细线表示原有设施，虚线表示规划预留部分。在改建的电信工程图纸上，需要表示拆除的设备及线路用"×"来标注。

平行线之间的最小间距不宜小于粗线宽度的两倍，同时最小不能小于0.7 mm。在使用线型及线宽表示图形用途有困难时，可用不同颜色区分。

三、图纸比例

对于建筑平面图、平面布置图、管道线路图、设备加固图及零部件加工图等图纸，一般有比例要求；对于系统框图、电路组织图、方案示意图等图纸，则无比例要求，但应按工作顺序、线路走向、信息流向排列。

对于平面布置图、线路图和区域规划性质的图纸，推荐的比例为1：10、1：20、1：50、1：100、1：200、1：500、1：1 000、1：2 000、1：5 000、1：10 000、1：50 000等，各专业应按照相关规范要求选用合适的比例。

对于设备加固图及零部件加工图等图纸，推荐的比例为 1：2、1：4 等。

对于通信线路及管道类的图纸，为了更为方便地表达周围环境情况，可采用沿线路方向按一种比例，而周围环境的横向距离采用另外一种比例或基本按示意性绘制的方法。

应根据图纸表达的内容深度和选用的图幅，选择合适的比例，并在图纸上及图衔相应栏目处注明。

四、尺寸标注

一个完整的尺寸标注应由尺寸数字、尺寸界线、尺寸线及其终端等组成。

图中的尺寸单位，除标高和管线长度以米（m）为单位外，其他尺寸均以毫米（mm）为单位，按此原则标注的尺寸可不加单位的文字符号。若采用其他单位时，应在尺寸数值后加注计量单位的文字符号，尺寸单位应在图衔相应栏目中填写。

尺寸界线用细实线绘制，由图形的轮廓线、轴线或对称中心线引出，也可利用轮廓线、轴线或对称中心线作为尺寸界线。尺寸界线一般应与尺寸线垂直。

尺寸线的终端，可以采用箭头或斜线两种形式，但同一张图中只能采用一种尺寸线终端形式，不得混用。

采用箭头形式时，两端应画出尺寸箭头，指到尺寸界线上，表示尺寸的起止。尺寸箭头宜用实心箭头，箭头的大小应按可见轮廓线选定，其大小在图中应保持一致。

采用斜线形式时，尺寸线与尺寸界线必须互相垂直。斜线用细实线，且方向及长短应保持一致。斜线方向应以尺寸线为准，逆时针方向旋转 45°，斜线长短约等于尺寸数字的高度。

图中的尺寸数字，一般应注写在尺寸线的上方或左侧，也允许注写在尺寸线的中断处，但同一张图样上注法应尽量保持一致。尺寸数字应顺着尺寸线方向书写并符合视图方向，数值的高度方向应和尺寸线垂直，并不得被任何图线通过；当无法避免时，应将图线断开，在断开处填写数字。在不致引起误解的前提下，对非水平方向的尺寸，其数字可水平地注写在尺寸线的中断处。标注角度时，其角度数字应注写成水平方向，一般应注写在尺寸线的中断处。

有关建筑类专业设计图纸上的尺寸标注，可按《建筑制图标准》（GB/T 50104—2010）要求标注。

五、字体及写法

图中书写的文字（包括汉字、字母、数字、代号等）均应字体工整、笔画清晰、排列整齐、间隔均匀，其书写位置应根据图面妥善安排，文字多时宜放在图的下面或右侧。

文字内容从左向右横向书写，标点符号占一个汉字的位置。中文书写时，应采用国家正式颁布的简化汉字，字体宜采用长仿宋体。

文字的字高，应从 3.5、5、7、10、14、20（单位符号为 mm）中选用。如需要书写更大的字,其高度应按比值递增。图样及说明中的汉字,宜采用长仿宋字体,宽度与高度的关系宜符合表 1-3-3 的规定。大标题、图册封面、地形图等的汉字,也可书写成其他字体,但应易于辨认。

表 1-3-3　长仿宋字体字宽与字高的对应关系　　　　　　　　　　单位:mm

字高	20	14	10	7	5	3.5
字宽	14	10	7	5	3.5	2.5

图中的"技术要求""说明"或"注"等字样,应写在具体文字内容的左上方,并使用比文字内容大一号的字体书写。标题下均不画横线,具体内容多于一项时,应按下列顺序号排列:

1、2、3…
(1)、(2)、(3)…
①、②、③…

图中所涉及数量的数字均应用阿拉伯数字表示,计量单位应使用国家颁布的法定计量单位。

六、图　衔

通信工程图纸应有图衔,图衔的位置应在图面的右下角。对于通信管道及线路工程图纸,当一张图不能完整画出时,可分为多张图纸进行,这时,第一张图纸使用标准图衔,其后续图纸使用简易图衔。

通信工程勘察设计常用标准图衔的规格要求如图 1-3-2(a)所示,简易图衔规格要求如图 1-3-2(b)所示。

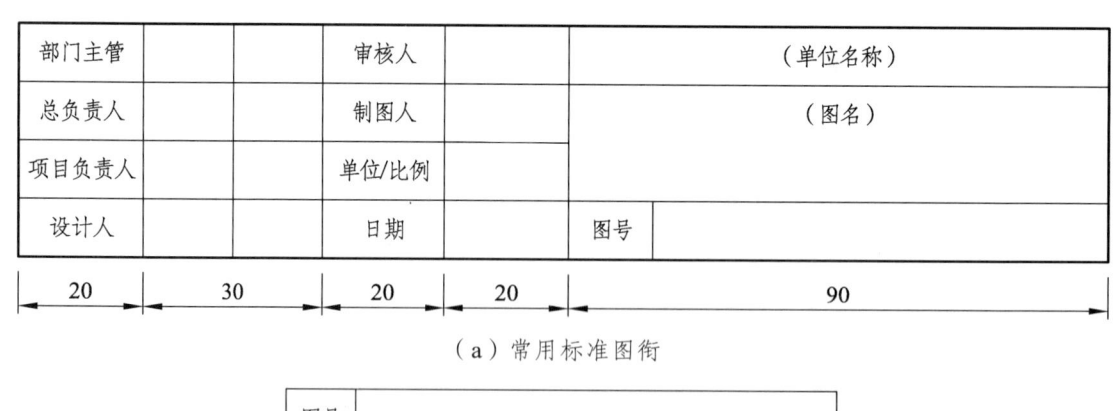

(a)常用标准图衔

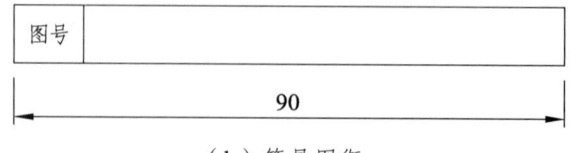

(b)简易图衔

图 1-3-2　通信工程勘察设计常用图衔

七、图纸编号

图纸编号的编排应尽量简洁，设计阶段一般其组成按以下规则处理：

工程计划号—设计阶段代号—专业代号—图纸编号

对于同计划号、同设计阶段、同专业而多册出版的，为避免编号重复，可按以下规则处理：

工程计划号—设计阶段代号（A）—专业代号（B）—图纸编号

工程计划号应由设计单位根据工程建设方的任务委托和工程设计管理办法统一给定。设计阶段代号见表1-3-4；常用专业代号见表1-3-5。

表1-3-4 设计阶段代号

设计阶段	代号	设计阶段	代号	设计阶段	代号
可行性研究	Y	初步设计	C	技术设计	J
规划设计	G	方案设计	F	设计投标书	T
勘察报告	K	初设阶段的技术规范书	CJ	修改设计	在原代号后加X
咨询	ZX	施工图设计、一阶段设计	S		

表1-3-5 常用专业代号

名称	代号	名称	代号
光缆线路	GL	电缆线路	DL
海底光缆	HGL	通信管道	GD
光传输设备	GS	移动通信	YD
无线接入	WJ	交换	JH
数据通信	SC	计费系统	JF
网管系统	WG	微波通信	WB
卫星通信	WD	铁塔	TT
同步网	TBW	信令网	XLW
通信电源	DY	电源监控	DJK

需要说明以下几点：

① （A）用于大型工程中分省、分业务区编制时的区分标识，可以是数字1、2、3或拼音字母的字头等。

② （B）用于区分同一单项工程中不同的设计分册（如不同的站册），一般用数字（分册号）、站名拼音字头或相应汉字表示。

③ 图纸编号为工程计划号、设计阶段代号、专业代号相同的图纸间的区分号，应采用阿拉伯数字简单地编制（同一图号的系列图纸用括号内加注分号表示）。

在上述国家通信行业制图标准对设计图纸的编号方法规定的基础上，一般每个设计单位都有自己内部的一套完整的规范，目的是进一步规范工程管理，配合项目管理系统实施，不断改进和完善设计图纸编号方法。

八、注释、标注及技术数据

当含义不便于用图示方法表达时，可以采用注释。当图中出现多个注释或大段说明性注释时，应当把注释按顺序放在边框附近。有些注释可以放在需要说明的对象附近；当注释不在需要说明的对象附近时，应使用指引线（细实线）指向说明对象。

标注和技术数据应该放在图形符号的旁边。当数据很少时，技术数据也可以放在矩形符号的方框内（如继电器的电阻值）；数据较多时可以用分式表示，也可以用表格形式列出。

当用分式表示时，可采用以下模式：

$$N\frac{A\text{-}B}{C\text{-}D}F$$

其中，N 为设备编号，一般靠前或靠上放；A、B、C、D 为不同的标注内容，可增可减；F 为敷设方式，一般靠后放。

当设计中需表示本工程前后有变化时，可采用斜杠方式：（原有数）/（设计数）；当设计中需表示本工程前后有增加时，可采用加号方式：（原有数）+（增加数）。

常用的标注方式见表 1-3-6。

表 1-3-6　常用标注方式

序号	标注方式	说　明
1	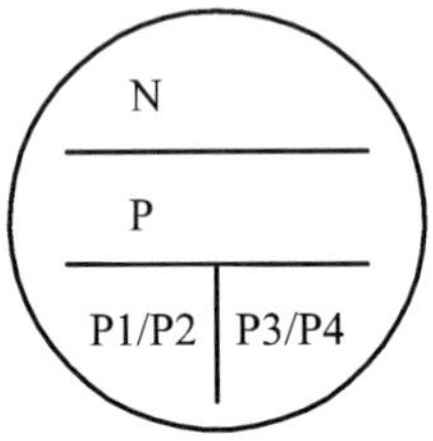 （圆内上为N，中为P，下为P1/P2 P3/P4）	对直接配线区的标注方式。 注：图中的文字符号应以工程数据代替。 其中　N——主干电缆编号，如 0101 表示 01 电缆上第一个直接配线区； P——主干电缆容量（初设为对数，施设为线序）； P1——现有局号用户数； P2——现有专线用户数，当有不需要局号的专线用户时，再用+（对数）表示； P3——设计局号用户数； P4——设计专线用户数
2	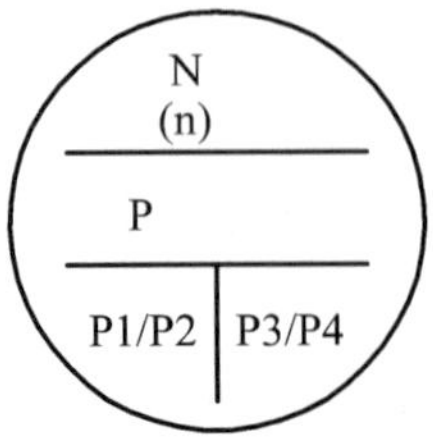 （圆内上为N(n)，中为P，下为P1/P2 P3/P4）	对交接配线区的标注方式。 注：图中的文字符号应以工程数据代替。 其中　N——交接配线区编号，如 J22001 表示 22 局第一个交接配线区； n——交接箱容量，如 2 400（对）； P1、P2、P3、P4——含义同 1 注
3	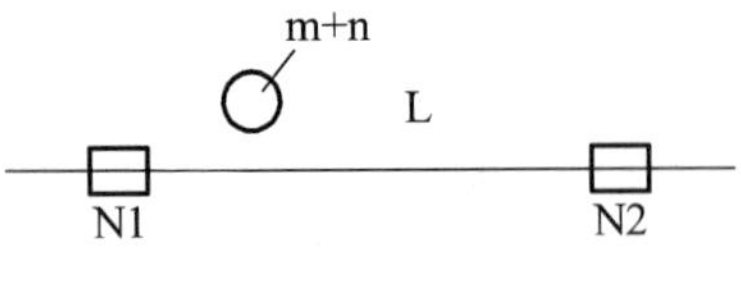 （N1 □——○(m+n) L ——□ N2）	对管道扩容的标注。 其中　m——原有管孔数，可附加管孔材料符号； n——新增管孔数，可附加管孔材料符号； L——管道长度； N1、N2——人孔编号

续表

序号	标注方式	说　明
4	$\dfrac{L}{H*Pn-d}$	对市话电缆的标注。 其中　L——电缆长度； 　　　H*——电缆型号； 　　　Pn——电缆对数； 　　　d——电缆芯线线径
5	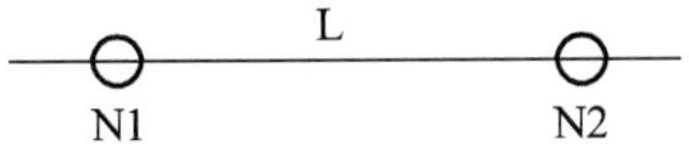 ○—— L ——○ N1　　　　N2	对架空杆路的标注。 其中　L——杆路长度； 　　　N1、N2——起止电杆编号（可加注杆材类别的代号）
6	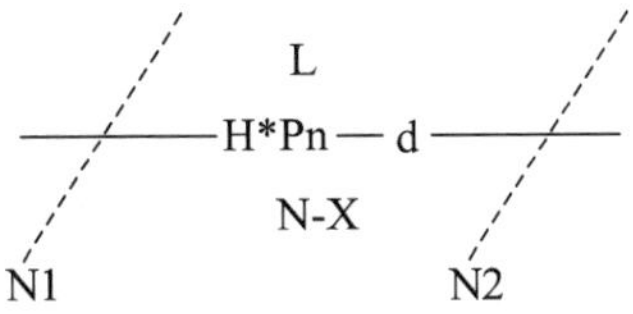 $\dfrac{L}{H*Pn-d}$　N-X N1　　　　N2	对管道电缆的简化标注。 其中　L——电缆长度； 　　　H*——电缆型号； 　　　Pn——电缆对数； 　　　d——电缆芯线线径； 　　　X——线序； 　　　斜向虚线——人孔的简化画法； 　　　N1和N2——起止人孔号； 　　　N——主杆电缆编号
7	$\dfrac{N-B}{C}\bigg\|\dfrac{d}{D}$	分线盒标注方式。 其中　N——编号； 　　　B——容量； 　　　C——线序； 　　　d——现有用户数； 　　　D——设计用户数
8	$\dfrac{N-B}{C}\bigg\|\dfrac{d}{D}$	分线箱标注方式。 注：字母含义同7
9	$\dfrac{WN-B}{C}\bigg\|\dfrac{d}{D}$	壁龛式分线箱标注方式。 注：W表示壁装式，其他字母含义同7

在通信工程设计中，由于文件名称和图纸编号多已明确，在项目代号和文字标注方面可适当简化，推荐的处理方法如下：

① 平面布置图中可主要使用位置代号或用顺序号加表格说明。

② 系统方框图中可使用图形符号或用方框加文字符号来表示，必要时也可二者兼用。

③ 接线图应符合《电气技术用文件的编制　第3部分：接线图和接线表》（GB/T 6988.3）的规定。

对安装方式的标注见表1-3-7。

对敷设部位的标注见表1-3-8。

表 1-3-7　安装方式标注

序号	代号	安装方式	英文说明
1	W	壁装式	wall mounted type
2	C	吸顶式	ceiling mounted type
3	R	嵌入式	recessed type
4	DS	管吊式	conduit suspension type

表 1-3-8　敷设部位标注

序号	代号	安装方式	英文说明
1	M	钢索敷设	supported by messenger wire
2	AB	沿梁或跨梁敷设	along or across beam
3	AC	沿柱或跨柱敷设	along or across column
4	WS	沿墙面敷设	on wall surface
5	CE	沿天棚面顶板面敷设	along ceiling or slab
6	SC	吊顶内敷设	in hollow spaces of ceiling
7	BC	暗敷设在梁内	concealed in beam
8	CLC	暗敷设在柱内	concealed in column
9	BW	墙内埋设	burial in wall
10	F	地板或地板下敷设	in floor
11	CC	暗敷设在屋面或顶板内	in ceiling or slab

九、安装标高

标高符号用来表示建筑物某部位完成面的标高。

标高有绝对标高和相对标高两种表示方法。一般在平面图上标注绝对标高，在其余图中均标注相对标高。绝对标高又称海拔标高，我国是以青岛市附近黄海海平面作为零点而确定的高度尺寸。相对标高是选定某一参考面或参考点为零点而确定的高度尺寸。电气位置图均采用相对标高。它一般采用室外某一平面、某层楼平面作为零点而计算高度，这一标高称为安装标高或敷设标高。

标高符号用等腰直角三角形表示，用细实线绘制，如图 1-3-3（a）所示。总平面图室外地坪标高符号用涂黑的三角形表示，如图 1-3-3（b）所示；建筑平面图的标高符号如图 1-3-3（c）所示；建筑立面图和剖面图的标高符号如图 1-3-3（d）所示，标高符号的尖端指至被注高度的位置。尖端一般应向下，当位置不够时，也可按图 1-3-3（e）所示的形式标注。在图样的同一位置需表示几个不同标高时，标高数字可按图 1-3-3（f）所示的形式注写。标高数字以米为单位，注写到小数点后第三位。零点标高应注写成 ±0.000，正数标高不注"+"，负数标高应注"-"。

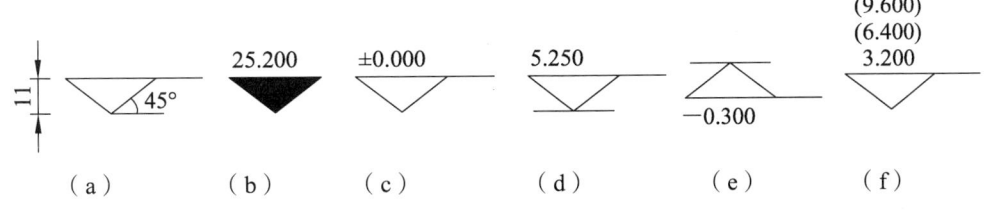

图 1-3-3 安装标高图形符号

十、风向频率标记

电信、电力和照明布置图等图纸一般按上北下南、左西右东表示电气设备或建筑物的位置和朝向,但在许多情况下须用方位标记表示其朝向。方位标记如图 1-3-4(a)所示,其箭头方向表示正北方向(N)。

为了表示设备安装地区一年四季的风向情况,在电气布置图上往往还标有风向频率标记。它是根据某一地区多年平均统计的各个方向吹风次数与总次数的百分比,按一定比例绘制而成的。方向频率标记形似一朵玫瑰花,故又称为风玫瑰图。图 1-3-4(b)是某地区的风向频率标记,实线表示全年的风向频率,虚线表示夏季(6~8月)的风向频率。由此可知,该地区常年以西北风为主,而夏季以东南风和西北风为主。

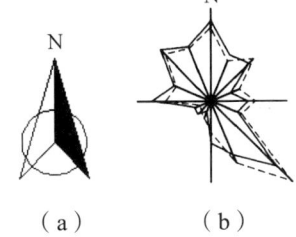

图 1-3-4 方位和风向频率标记

十一、图形符号的使用

1. 图形符号的使用规则

当标准中对同一项目给出几种形式时,选用时应遵守以下规则:
① 优先使用"优选形式";
② 在满足需要的前提下,宜选用最简单的形式(如"一般符号");
③ 在同一种图纸上应使用同一种形式。

一般情况下,对同一项目宜采用同样大小的图形符号;特殊情况下,为了强调某方面或为了便于补充信息,允许使用不同大小的符号和不同粗细的线条。

2. 图形符号的派生

在国家通信工程制图标准中只给出了图形符号有限的例子,如果某些特定的设备或项目无现成的符号,允许根据已规定的符号组图规律进行派生。

派生图形符号,是利用原有符号加工形成新的图形符号,应遵守以下规则:
①(符号要素)+(限定符号)→(设备的一般符号);
②(一般符号)+(限定符号)→(特定设备的符号);
③ 利用 2~3 个简单的符号→(特定设备的符号);
④ 一般符号缩小后可以作限定符号使用。

任务四　通信工程设计流程

通信工程设计必须先由建设单位根据电信发展规划，下达设计任务书。设计任务书中应包含下列内容：设计中必须考虑的原则；工程的规范、内容、性质和意义；对设计的特殊要求；建设投资、时间和"利旧"的可能性等。

一、通信工程设计阶段的划分

通信工程设计可分为三阶段设计、二阶段设计和一阶段设计。
三阶段设计：初步设计（附初步设计概算）、技术设计（附修正概算）、施工图设计（附施工图预算）。
二阶段设计：扩大初步设计（附初步设计概算）、施工图设计（附施工图预算）。
一阶段设计：施工图设计（附施工图预算，只适用一些规模小、技术简单的小工程）。

二、工程设计文件

完整的工程设计文件包括文字资料和工程设计图表两大部分。

1. 文字资料

本部分包括以下内容：设计文件、资料图纸目录、说明书、设备表、材料表等。下面是某中心机房的工程设计文本目录：

1　总论
1.1　工程概况
1.2　设计依据
1.3　项目进度计划
1.4　工程设计与责任分工
2　××电信短信中心平台现状
3　业务预测及需求估算
4　本期工程建设方案
5　本期工程资源需求
6　机房建设及相关要求
7　管理人员编制
8　预算说明
8.1　工程概况
8.2　编制依据
8.3　相关费率的取定和计算方法
8.4　可研和一阶段设计对比
8.5　工程技术经济指标分析

2. 工程设计图表

本部分包括以下内容（以机房设计为例）：

（1）网络组织结构图；

（2）机房设备布置平面图；

（3）机房走线路由平面图；

（4）主设备板位图；

（5）天馈线安装示意图；

（6）基站防雷接地示意图；

（7）光纤配线架（ODF）端子分配图；

（8）数字配线架（DDF）端子分配图；

（9）直流分配屏熔丝分配示意图（电路域）。

三、设计流程

下面就通信线路工程的初步设计流程作简要说明。

按照已批准的设计任务书或审批后的方案报告，通过深入现场勘查、初测和调查，进一步确定工程建设方案，并对方案的经济指标进行论证，编制工程概算，提出工程所需投资额，为组织工作所需的设备生产、器材供应、工程建设进度提供依据，以及对新设备、新技术的采用提出方案。这是初步设计的目的。

初步设计的文件包括目录、设计说明、概算、施工图四部分，编写要求如下。

1. 目　录

将设计说明、概算、施工图 3 个项目分别列出。

2. 设计说明

概括说明工程全貌，简述所选定的设计方案、主要设计标准和技术措施等。应注意设计说明中使用规定的通用名词、符号、术语和图例。

（1）概述。

① 设计依据：说明进行设计的依据，如设计任务书、方案勘查报告（或会议纪要）等文件。

② 设计范围：根据工程性质，重点说明本设计包括哪些项目与内容，同时应明确与机械、土建及其他专业的分工，并说明与本工程有关的其他设计项目名称和不列入本设计内的另列单项设计的项目（如较大河流的水底电/光缆或中继电/光缆等）。

③ 与设计任务书有变更的内容及原因：重点说明变更的段落、理由。

④ 重要工程量表：列表说明主要工程量，以便对工程全貌有一个大致的了解。

（2）路由论述。

首先说明所选定的路由在行政区所处的位置。例如，干线线路在本省内的起讫地点、沿途主要城镇以及线路总长度。然后，分述下列各点。

① 沿线自然条件简述：简要说明路由沿山脉、丘陵、平原的大致分布，线路在这些地段所占的比例以及交通、农田、水利、土质分布等情况。

② 路由方案的比较：简述选择线路路由的原则，说明干线路由在技术、经济的合理性方面是如何考虑的，路由与干线铁路、国家级战备公路的重大军事目标等的隔距要求如何满足。粗略估算沿一般公路的段落、隔距与长度，沿乡村大道及无路地段的段落长度，综合说明所选定的路由在施工、维护等方面的难易程度。

③ 穿越较大河流、湖泊的水底电缆路由说明：重点说明水底电/光缆的设计方案和特殊结构要求；主、备用水底电/光缆的设计及其倒换方式。另外，对水底电/光缆的长度、敷设方法、保护措施、电/光缆埋深标准、水线房结构及充气维护方式等配置方面也需加以说明，并应附加过河地点的平、断面图。

（3）设计标准及设计措施。

应着重说明工程主要设计标准与技术措施。如线路建筑方式的确定；水底电/光缆的敷设方式、埋深与接续要求；气压维护系统方案；站、房建筑标准；维护区、段的区分；工程用料方式、结构及使用场合；电/光缆对防雷、防蚀、防强电影响及防机械损伤等防护措施的选定和相关技术措施。对工程中采用的新技术、新设备应重点加以说明。

（4）其他问题。

有待上级机关进一步解决和明确的问题；有关科研项目的提出；与有关单位和部门协商问题的结果；下阶段设计需进一步落实的问题；需要请建设单位进一步做的工作和需要注意的问题；其他有需进一步说明的问题。

3. 概 算

（1）概算依据。

（2）根据本工程的实际情况，需要对原概算指标、施工定额及费率等有关项目的调整内容，说明特殊工程项目概算指标、施工定额的编制及其他有关主要问题。

（3）概算表格。

4. 施工图

在初步设计中应根据不同程度的实际需要绘制工程设计的主要图纸，如线路方案比较图，线路路由图，线路系统配置图，各种电/光缆结构断面图，电缆配线图，管道施工图，水底电缆平、断面图，等等。

施工图设计的目的是按照经过批准的初步设计进行定点、定线测量，确定防护段落和各项技术措施具体化。施工图是工程建设的施工依据，故施工图必须有详尽的尺寸、具体的做法和要求。图中应注有准确的位置、地点，使施工人员按图纸就可以施工。施工图设计文件可另行装订，一般可分为封面、目录、设计说明、设备与器材修正表、图纸等内容。

施工图设计与初步设计在内容上是基本相同的，只是施工图设计是经过定点、定线实地测量后编制的，掌握和收集的资料更加详细和全面，所以要求设计文件及内容更为准确，能依据图纸进行直接施工。

在施工图设计说明中，除应将初步设计说明更进一步论述外，还应将通过实地测量后，对各单项工程的具体问题的"设计考虑"详尽加以说明，使施工人员能深入领会设计意图，做到按设计施工。

图纸是施工人员最直观、最基本的指导资料，所以要求施工设计中的各种图纸应尽量反映出客观实际和设计意图。除有关施工和验收技术规范（如部颁《全塑施工规范》和《市线施工规范》）中已有定型的施（加）工图可不在设计中画出外，其他各种施工图均应画出。

初步设计完成后，施工图应装订成册，分发至各相关单位。

总　结

（1）通信工程是指通信系统工程设计、通信网络线路建设、通信场地施工及通信设备安装施工。它主要包括天线的架设、通信线路架设和敷设、通信设备安装调试、通信附属设施的施工等内容。

（2）建设项目是指按一个总体设计进行建设，经济上实行统一核算，行政上有独立的组织形式，实行统一管理的建设单位。

（3）通信工程图纸是通信工程设计的重要组成部分，是指导施工的主要依据。在通信工程中，只有绘制出准确的通信工程图纸，才能对通信工程施工具有正确的指导意义。

（4）鉴于目前通信工程建设中所使用的制图标准和图形符号有些混乱，为了规范通信工程图纸设计，提高设计质量和设计效率，合理指导施工，不断适应通信建设的需要，特制定通信工程制图统一标准。

（5）本项目所述通信工程制图的总体要求和统一规定，以及通信工程常见的图形符号都是依据国家工业和信息化部所颁布的通信工程制图标准及图形符号来确定的。

（6）通信工程设计可分为三阶段设计、二阶段设计和一阶段设计。三阶段设计：初步设计（附初步设计概算）、技术设计（附修正概算）、施工图设计（附施工图预算）。二阶段设计：扩大初步设计（附初步设计概算）、施工图设计（附施工图预算）。一阶段设计：施工图设计（附施工图预算，只适用一些规模小、技术简单的小工程）。

初步设计文件包括目录、设计说明、概算、施工图四部分。

思考题

1. 通信建设工程项目是如何分类的？
2. 通信工程图纸包含哪些内容？
3. 对同一项目有几种图形符号形式可选时，宜遵守的选取规则是什么？
4. 通常图线形式分哪几种？各自的用途是什么？

项目实训

1. 根据图纸编号原则对下列图纸进行编号：
（1）2019年重庆市沙坪坝区传输设备安装工程初步设计图纸。
（2）重庆市江津区长途光缆线路工程施工图设计第2册第6张。
2. 根据已知条件，对下面线路进行标注：
在5号和6号电杆间架设GYTA型32芯通信光缆，长度为100 m，试对该段架空光缆线路进行标注。

项目二　绘图软件基本操作

项目学习任务

任务一　AutoCAD 基础知识
任务二　AutoCAD 文件操作
任务三　绘图环境设置

通过学习 AutoCAD 绘图的有关基本知识，了解如何设置图形的系统参数、样板图，熟悉建立新的图形文件、打开已有文件的方法等。本项目主要包括绘图环境设置、工作界面设置、绘图系统配置、文件管理、基本输入操作等内容。

任务一　AutoCAD 基础知识

一、AutoCAD 软件的基本介绍

（一）AutoCAD 概述

AutoCAD 是由美国 Autodesk 公司开发的通用计算机辅助设计软件，是目前世界上应用较广的计算机辅助设计软件。随着计算机科学技术的发展，AutoCAD 已经从原来的侧重于二维绘图技术为主，发展到现在的二维、三维绘图技术兼备，且具有在线设计的多功能软件系统。AutoCAD 具有良好的用户界面，通过交互菜单或命令行方式便可以进行各种操作。AutoCAD 是工程技术人员设计绘图的重要工具，在机械、测绘、建筑、服装、通信、电子、汽车、造船等许多行业得到了广泛的应用。

（二）AutoCAD 软件的安装

（1）解压 AutoCAD 软件压缩包，点击 Setup.exe 应用程序安装图标。
（2）按照安装说明步骤安装，并填写个人资料、设置绘图领域。

（三）AutoCAD 的启动

AutoCAD 有以下 4 种启动方式：
（1）在 Windows 桌面上双击 AutoCAD 中文版快捷图标。
（2）在 Windows 桌面上单击屏幕下方任务栏左侧的快速启动工具栏的快捷图标。
（3）在桌面左下角单击"开始"按钮，在弹出的菜单中选择"程序"，从程序子菜单中找到 AutoCAD，启动 AutoCAD 选项。
（4）双击已经存盘的任意一个 AutoCAD 图形文件（.dwg 文件）。

二、AutoCAD 的用户界面

启动 AutoCAD 应用程序后，进入 AutoCAD 的工作界面，窗口各部分分布如图 2-1-1 所示。工作界面主要由标题栏、菜单栏、工具栏、绘图窗口、十字光标、坐标系、命令提示窗口及状态栏等部分组成。

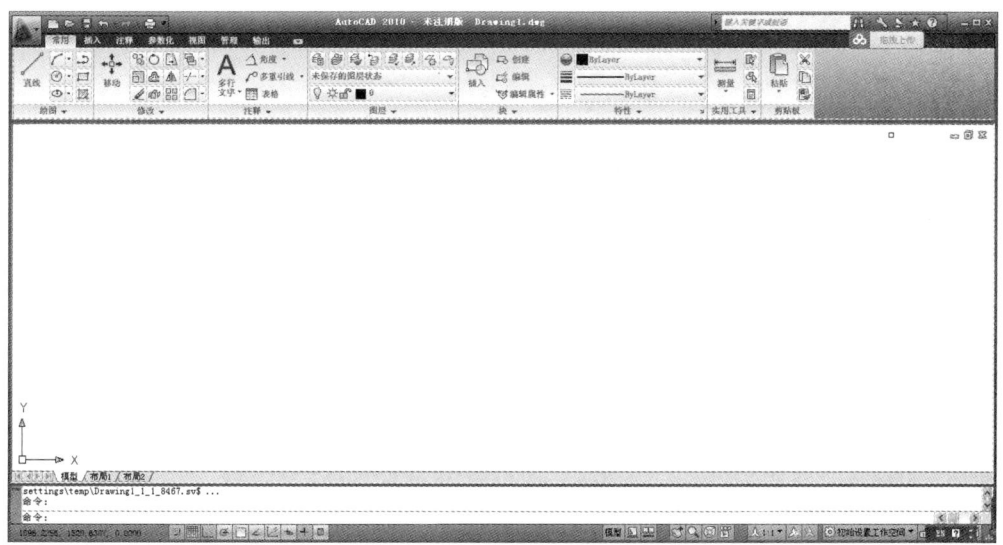

图 2-1-1　AutoCAD 中文版的操作界面

1. 标题栏

标题栏位于应用程序窗口的最上面，用于显示当前正在运行的程序名及文件名等信息。如果是 AutoCAD 默认的图形文件，其名称为 Drawing$N$.dwg（N=1，2，3…，表示第 N 个默认图形文件）。单击标题栏右端的按钮，可以最小化、最大化或关闭程序窗口。标题栏最左边是软件的小图标，单击它会弹出一个 AutoCAD 窗口控制下拉菜单，可以对 AutoCAD 窗口进行还原、移动、最小化、最大化和关闭等操作。

2. 菜单栏

在"二维草图模式下"，AutoCAD 中文版的菜单只看到"文件"，其中包括 AutoCAD 的文件操作命令。

在"经典绘图"模式下，AutoCAD 的菜单栏包含 12 个菜单："文件""编辑""视图""插入""格式""工具""绘图""标注""修改""参数""窗口""帮助"，如图 2-1-2 所示。这些菜单几乎包含了 AutoCAD 的所有绘图命令，可以通过菜单访问命令和选项，输入关键字来搜索菜单项或预览最近打开的图形文件。

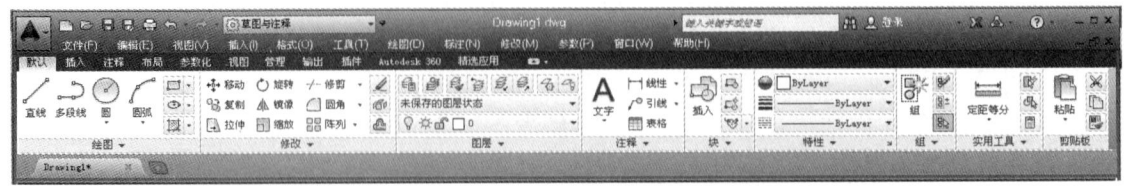

图 2-1-2　AutoCAD 菜单栏

在菜单浏览器上点击鼠标左键，可以打开主菜单。一般来讲，AutoCAD 下拉菜单中的命令有以下 3 种：

（1）带有小三角形的菜单命令。

这种类型的命令后面带有子菜单。例如，单击菜单栏中的文件菜单，屏幕上就会显示出如图 2-1-3 所示的子菜单。

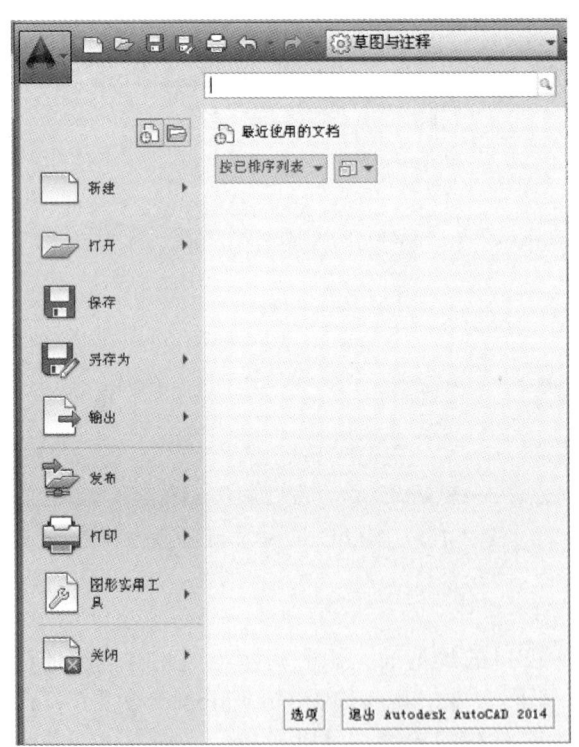

图 2-1-3　带有子菜单的菜单命令

（2）打开对话框的菜单命令。

这种类型的命令，只需将鼠标放在所要打开的子菜单上即可。例如，单击菜单栏中的"新建"菜单，选择其下拉菜单中的"图形"命令，如图 2-1-4 所示。屏幕上就会打开对应的"选择样板"对话框，如图 2-1-5 所示。

图 2-1-4 激活相应对话框的菜单命令

图 2-1-5 选择样板对话框

（3）直接执行的菜单命令。

这种类型的命令将直接进行相应的绘图或其他操作。例如，选择"块"工具栏中的"块编辑器"命令"BEDIT"，系统将直接在块编辑器中打开块定义，如图 2-1-6 所示。

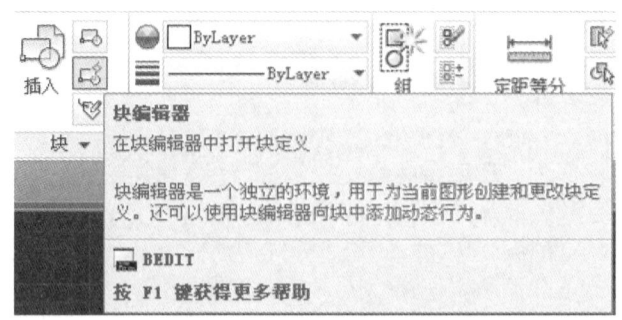

图 2-1-6 直接执行菜单命令

3. 工具栏

工具栏是应用程序调用命令的另一种方式，它包含许多由图标表示的命令按钮，如图 2-1-7 所示。在 AutoCAD 中，系统提供了 42 个已命名的工具栏。默认情况下，"绘图""修改""图层""注释""块""特性""实用工具"和"剪贴板"等工具栏处于打开状态。此外，下面显示的"快速访问"工具栏包括熟悉的命令，如"新建""打开""保存""打印""放弃"等。

图 2-1-7 "绘图"工具栏

4. 绘图窗口

绘图窗口是用户绘图的工作区域，即工具栏下方的大片空白区域。绘图区域是用户使用软件绘制图形的区域，所有绘图结果都反映在这个窗口中。用户可以根据需要关闭其周围和里面的各个工具栏，以增加绘图空间。

5. 十字光标

绘图区中的光标为十字光标，用于绘制图形及选择图形对象。十字线的交点为光标的当前位置，十字线的方向与当前用户坐标系的 X 轴、Y 轴方向平行，十字线的长度被系统预设为屏幕大小的 5%。如果图纸比较大，需要查看未显示部分时，可以滑动鼠标滚动键来放大缩小：向前滑动，放大界面或图形；向后滑动，缩小界面或图形。

6. 坐标系

在绘图窗口中除了显示当前的绘图结果外，还显示了当前使用的坐标系类型、坐标原点及 X、Y、Z 轴的方向等。默认情况下，坐标系为世界坐标系（WCS），其原点一般位于绘图区域的左下方。用户也可以通过变更坐标原点和坐标轴方向建立自己的坐标系，即用户坐标系（UCS）。

7. 命令行窗口

"命令行"位于绘图窗口的底部，用于接受用户输入的命令，并显示 AutoCAD 的提示信息。在 AutoCAD 中，可以将"命令行"拖放为浮动窗口。

"文本窗口"是记录 AutoCAD 命令的窗口，是放大的"命令行"窗口。它记录了用户已执行的命令，也可以用来输入新命令。在 AutoCAD 中，用户可以执行"视图"→"显示"→"文本窗口"命令、执行 TEXTSCR 命令或按 F2 键来打开它。

8. 状态栏

状态栏在屏幕的底部，其上是命令行。在默认状态下，左端显示绘图区中光标定位点的坐标 X、Y、Z 的值，之后依次有"捕捉""栅格""正交""极轴""对象捕捉""对象追踪""允许/禁止动态 UCS""动态数据输入""线宽"和"模型"10 个辅助绘图工具按钮。左键单击这些按钮，可以打开或关闭相应的功能。单击鼠标右键，即可弹出"状态行菜单"，在该菜单中可以设置状态栏中显示的辅助绘图工具按钮。

状态栏的中部是布局标签，AutoCAD 系统默认设定一个"模型"空间布局标签和"布局1""布局2"两个图纸空间布局标签。

（1）布局。

布局是系统为绘图设置的一种环境，包括图纸大小、尺寸单位、角度设定、数值精确度等，在系统预设的 3 个标签中，这些环境变量都按默认设置。用户可根据实际需要改变这些变量的值。比如，默认的尺寸单位是毫米，如果绘制的图形单位是英寸，就可以改变尺寸单位环境变量的设置。用户也可以根据需要设置符合自己要求的新标签，具体方法在后面的任务中介绍。

（2）模型。

AutoCAD 的空间分为模型空间和图纸空间。模型空间是我们通常绘图的环境，而在图纸空间中，用户可以创建叫作"浮动视口"的区域，以不同视图显示所绘图形。用户可以在图纸空间中调整浮动视口并决定所包含视图的缩放比例。如果选择图纸空间，则可打印多个视图，用户也可以打印任意布局的视图。在后面的任务中，将详细讲解模型空间与图纸空间的有关知识。

AutoCAD 系统默认打开模型空间，用户可以通过鼠标左键单击选择需要的布局。

状态栏的右边是注释比例的显示，通过状态栏中的图标，可以很方便地访问常用注释比例的常用功能。

（1）注释比例：左键单击注释比例右下角小三角符号，弹出注释比例列表，如图 2-1-8 所示，可以根据需要选择适当的注释比例。

（2）注释可见性：当图标亮显时，表示显示所有比例的注释性对象；当图标变暗时，表示仅显示当前比例的注释性对象。

（3）注释比例更改时，自动将比例添加到注释对象。

状态栏的右下角是状态栏托盘，如图 2-1-9 所示。

通过状态栏托盘中的图标，可以很方便地访问常用功能。右键单击状态栏或左键单击右下角小三角符号可以控制开关按钮的显示与隐藏或更改托盘设置。点击状态栏上的"初始设置工作空间"，可以打开"工作空间设置"对话框，如图 2-1-10 所示。

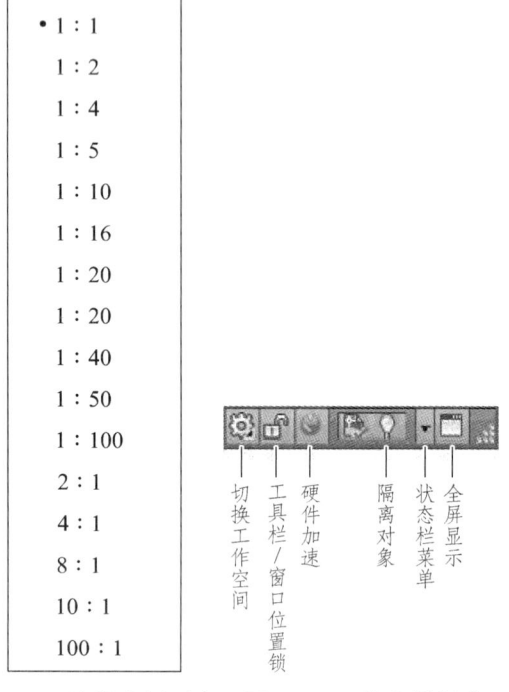
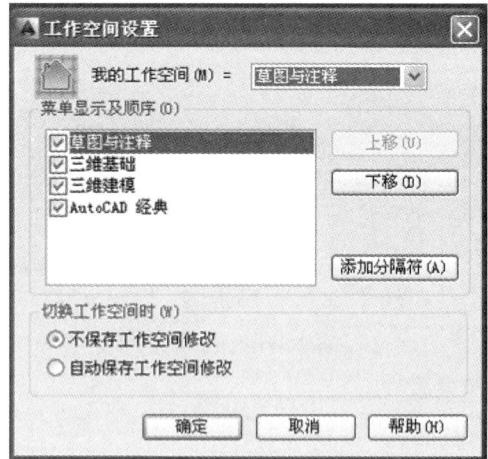

图 2-1-8　注释比例列表　　图 2-1-9　状态栏托盘　　图 2-1-10　"工作空间设置"对话框

任务二　AutoCAD 文件操作

一、新建图形文件

执行方式如下：

（1）下拉菜单：单击左上角图标 A 按钮，选择"新建"选项。

（2）命令行：qnew/new。

（3）菜单命令：执行"文件"→"新建"命令。

新建图形文件时，要选择图形文件样板，如图 2-2-1 所示。

图 2-2-1 "选择样板"对话框

二、保存图形文件

执行方式如下：
（1）下拉菜单：单击左上角图标 A 按钮，选择"保存"选项。
（2）命令行：qsave/saveas。
（3）菜单命令：执行"文件"→"另存为"命令。

保存文件，主要确定保存位置和文件名称，如图 2-2-2 所示。

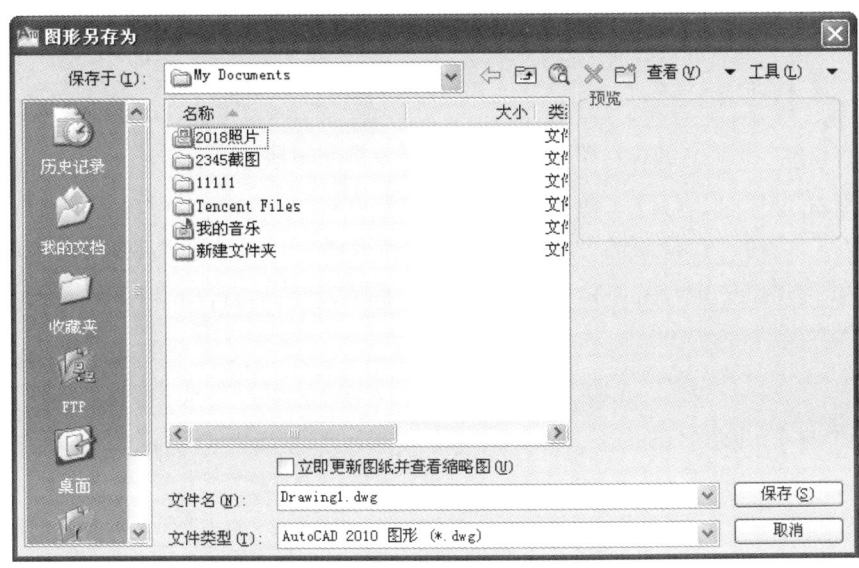

图 2-2-2 "图形另存为"对话框

三、关闭图形文件

执行方式如下:
(1) 下拉菜单:单击左上角图标 A 按钮,选择"关闭"选项。
(2) 命令行:close。
(3) 单击文件右上角的关闭按钮。

四、加密保护绘图数据

在 AutoCAD 中,保存文件时可以使用密码保护功能,对文件进行加密保存。单击左上角图标 A 按钮,选择"保存"或"另存为"命令时,将打开"图形另存为"对话框,如图 2-2-2 所示。在该对话框中执行"工具"→"安全选项"命令,打开"安全选项"对话框,如图 2-2-3 所示。在"密码"选项卡中,可以在"用于打开此图形的密码或短语"文本框中输入密码,然后单击"确定"按钮,打开"确认密码"对话框,并在"再次输入用于打开此图形的密码"文本框中输入确认密码。

图 2-2-3 "安全选项"对话框

在进行加密设置时,可以选择 40 位、128 位等多种加密长度。可在"密码"选项卡中单击"高级选项"按钮,在打开的"高级选项"对话框中进行设置。为文件设置密码后,在打开文件时系统将弹出"密码"对话框,要求输入正确的密码,否则将无法打开该图形文件,这对需要保密的图纸非常重要。

五、打开图形文件

执行方式如下:
(1) 下拉菜单:单击左上角图标 A 按钮,选择"打开"选项。

（2）命令行：open。
（3）菜单命令：执行"文件"→"打开"命令。
执行以上操作后即可打开"选择文件"对话框，如图2-2-4所示。

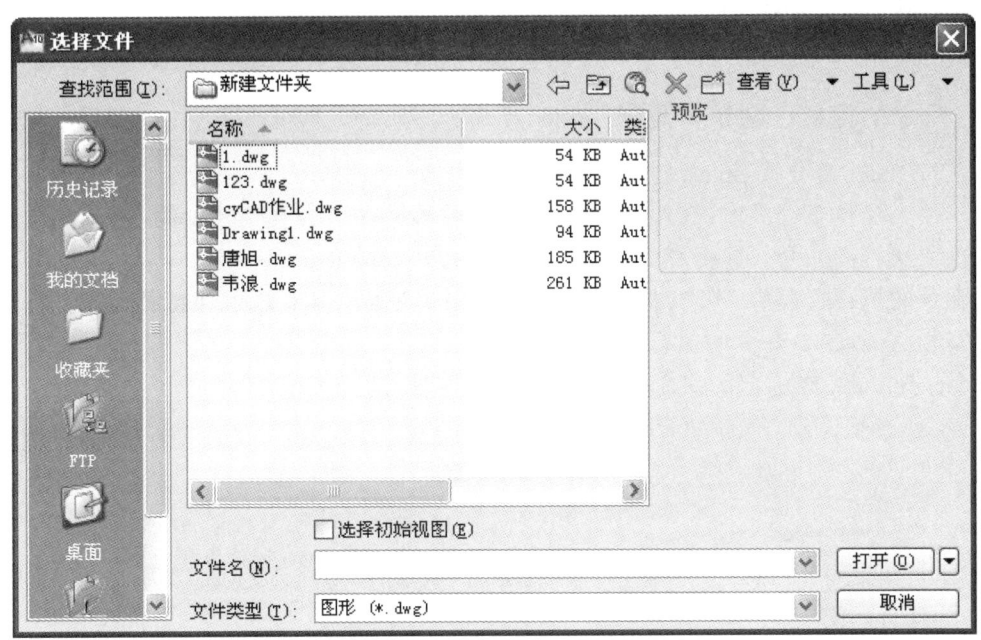

图 2-2-4 "选择文件"对话框

六、使用命令与系统变量

1. 使用鼠标操作执行命令

在绘图窗口，光标通常显示为"十"字线形式。当光标移至菜单选项、工具栏或对话框内时，会变成箭头。无论光标是"十"字线形式还是箭头形式，当单击或者按鼠标键时，都会执行相应的命令或动作。在 AutoCAD 中，鼠标键是按照下述规则定义的。

拾取键：通常指鼠标左键，用于指定屏幕上的点，也可以用来选择 Windows 对象、AutoCAD 对象、工具栏按钮和菜单命令等。

回车键：鼠标右键，相当于 Enter 键，用于结束当前使用的命令，此时系统将根据当前绘图状态弹出不同的快捷菜单。

弹出菜单：当使用 Shift 键和鼠标右键的组合时，将弹出一个快捷菜单，用于设置捕捉点。

2. 使用键盘输入命令

在 AutoCAD 中，大部分的绘图、编辑功能都需要通过键盘输入来完成，此方法可以输入命令、系统变量。另外，键盘还可以用于输入文本对象、数值参数、点的坐标或进行参数选择。

在 AutoCAD 中，默认情况下"命令行"是一个可固定的窗口，可以在当前命令行提示下输入命令、对象参数等内容。对于大多数命令，"命令行"中可以显示执行完的两条命令提示（也叫命令历史）。而对于一些输出命令，如 TIME、LIST，需要在放大的"命令行"或"AutoCAD 文本"窗口中显示。

在"命令行"窗口中右击，将弹出一个快捷菜单。

3. 命令的重复、撤销与重做

（1）按 Enter 键或按 Space 键，执行当前操作。

（2）使光标位于绘图窗口，右击鼠标，弹出快捷菜单，并在菜单的第一行显示出重复执行上一次所执行的命令，选择此命令即可重复执行对应的命令。

在命令的执行过程中，可以通过按 Esc 键或右击鼠标，从弹出的快捷菜单中执行"取消"命令，终止 AutoCAD 命令的执行。

（3）右击鼠标，在弹出的快捷菜单中有"重复""撤销"（Ctrl+Z 和 U）与"重做"（Ctrl+Y）命令。

七、精确绘图功能

1. 捕捉模式

为了准确地在屏幕上捕捉点，AutoCAD 提供了捕捉工具，可以在屏幕上生成一个隐含的栅格（捕捉栅格）。这个栅格能够捕捉光标，约束它只能落在栅格的某一个节点上，使用户能够精确地捕捉和选择这个栅格上的点。

执行方式如下：

（1）下拉菜单：在 AutoCAD 经典模式下执行"工具"→"草图设置"命令，打开"草图设置"对话框，勾选启用捕捉。

（2）状态栏：单击"捕捉模式"按钮图标（仅限于打开与关闭）。

（3）功能键：F9（仅限于打开与关闭）。

（4）快捷菜单：将光标置于"捕捉模式"按钮图标上，右击鼠标，在弹出的快捷菜单上执行"设置"命令。

2. 栅格模式

用户可以应用显示栅格工具使绘图区域上出现可见的网格，它是一个形象的画图工具，就像传统的坐标纸一样。

执行方式如下：

（1）下拉菜单：在 AutoCAD 经典模式下执行菜单"工具"→"草图设置"命令，打开"草图设置"对话框，勾选启用栅格。

（2）状态栏：单击"栅格模式"按钮图标（仅限于打开与关闭）。

（3）功能键：F7（仅限于打开与关闭）。

(4)快捷菜单：将光标置于"栅格"按钮图标上，右击鼠标，在弹出的快捷菜单上执行"设置"命令。

3. 正交模式

在用 AutoCAD 绘图的过程中，经常需要绘制水平直线和垂直直线。但是，用鼠标拾取线段的端点时，很难保证两个点严格沿着水平或垂直方向移动，为此，AutoCAD 提供了"正交"功能。当启用正交模式画线或移动对象时，只能沿水平方向或垂直方向移动光标，因此只能画平行于坐标轴的正交线段。

执行方式如下：
（1）命令行：ortho。
（2）状态栏：单击"正交模式"按钮图标（仅限于打开与关闭）。
（3）功能键：F8（仅限于打开与关闭）。

4. 对象捕捉

利用 AutoCAD 画图时，经常要用到一些特殊的点，如圆心、切点、线段或圆弧的端点、中点等，如果仅用鼠标拾取，要准确地找到这些点是十分困难的。在 AutoCAD 中，有种功能称为对象捕捉功能，利用该功能，可以迅速、准确地捕捉到某些特殊点，从而迅速、准确地绘制出图形。如图 2-6 所示为"对象捕捉"对话框。

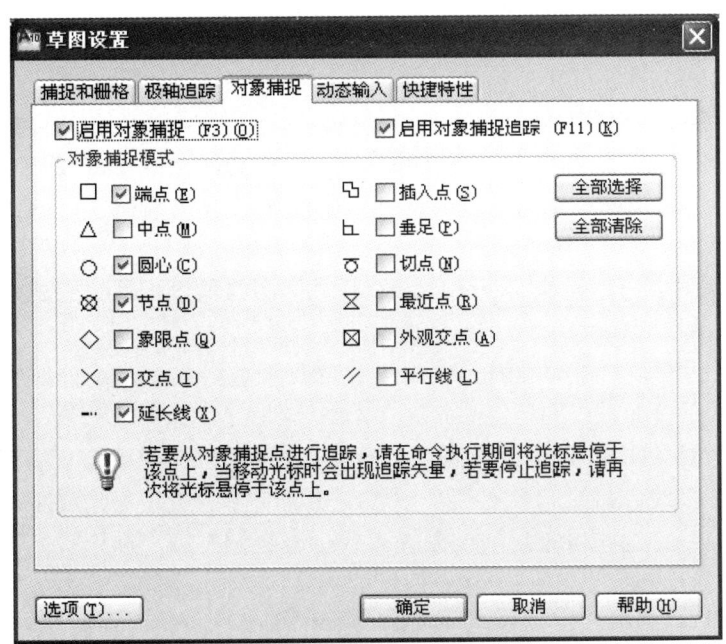

图 2-2-5 "对象捕捉"对话框

1）设置对象捕捉

执行方式如下：
（1）下拉菜单，在 AutoCAD 经典模式下执行"工具"→"草图设置"命令，打开"草图设置"对话框。

（2）命令行：ddosnap/dttins。

（3）状态栏：单击"对象捕捉"按钮图标（仅限于打开与关闭）。

（4）功能键：F3（仅限于打开与关闭）。

2）对象捕捉的方法和模式

AutoCAD 提供了三种执行对象捕捉的方法：

（1）利用命令实现对象捕捉。

（2）利用工具栏实现对象捕捉。

（3）利用快捷菜单实现对象捕捉。

对象捕捉的模式及其功能与工具栏图标及快捷菜单命令相对应，下面将对捕捉模式进行介绍。

对象捕捉模式中列出了可以在执行对象捕捉时打开的对象捕捉模式。

① 端点：捕捉到圆弧、椭圆弧、直线、多线、多段线、样条曲线、面域或射线最近的端点，或捕捉宽线、实体或三维面域的最近角点。

② 中点：捕捉到圆弧、椭圆、椭圆弧、直线、多线、多段线、面域、实体、样条曲线或参照线的中点。

③ 中心：捕捉到圆弧、圆、椭圆或椭圆弧的中心。

④ 节点：捕捉到点对象、标注定义点或标注文字原点。

⑤ 象限：捕捉到圆弧、圆、椭圆或椭圆弧的象限点。

⑥ 交点：捕捉到圆弧、圆、椭圆、椭圆弧、直线、多线、多段线、射线、面域、样条曲线或参照线的交点。"延伸交点"不能用作执行对象捕捉模式。

注意："交点"和"延伸交点"不能和三维实体的边或角点一起使用。

⑦ 延伸：当光标经过对象的端点时，显示临时延长线或圆弧，以便用户在延长线或圆弧上指定点。

注意：在透视图中进行操作时，不能沿圆弧或椭圆弧的延伸线进行追踪。

⑧ 插入点：捕捉到属性、块、形或文字的插入点。

⑨ 垂足：捕捉圆弧、圆、椭圆、椭圆弧、直线、多线、多段线、射线、面域、实体、样条曲线或构造线的垂足。

当正在绘制的对象需要捕捉多个垂足时，将自动打开"递延垂足"捕捉模式。可以用直线、圆弧、圆、多段线、射线、参照线、多线或三维实体的边作为绘制垂直线的基础对象。可以用"递延垂足"在这些对象之间绘制垂直线。当光标经过"递延垂足"捕捉点时，将显示 AutoSnap 工具提示和标记。

⑩ 切点：捕捉到圆弧、圆、椭圆、椭圆弧或样条曲线的切点。

注意：当用"自"选项结合"切点"捕捉模式来绘制除开始于圆弧或圆的直线以外的对象时，第一个绘制的点是与在绘图区域最后选定的点相关的圆弧或圆的切点。

⑪ 最近点：捕捉到圆弧、圆、椭圆、椭圆弧、直线、多线、点、多段线、射线、样条曲线或参照线的最近点。

⑫ 外观交点：捕捉不在同一平面但在当前视图中看起来可能相交的两个对象的视觉交

点。"延伸外观交点"不能用作执行对象捕捉模式。

注意:"外观交点"和"延伸外观交点"不能和三维实体的边或角点一起使用。

⑬ 平行:将直线段、多段线、射线或构造线,限制为与其他线性对象平行。指定线性对象的第一点后,应指定平行对象捕捉:与在其他对象捕捉模式中不同,用户可以将光标和悬停移至其他线性对象,直到获得角度。然后,将光标移回正在创建的对象。如果对象的路径与上一个线性对象平行,则会显示对齐路径,用户可将其用于创建平行对象。

注意:使用平行对象捕捉前,应关闭正交模式。在平行对象捕捉操作期间,会自动关闭对象捕捉追踪和 PolarSnap。使用平行对象捕捉前,必须指定线性对象的第一点。

5. 极轴追踪与对象捕捉追踪

在 AutoCAD 中,自动追踪功能是一个非常有用的辅助绘图工具,使用它可按指定角度绘制对象,或者绘制与其他对象有特定关系的对象。自动追踪功能可分为极轴追踪和对象捕捉追踪两种。

极轴追踪是指按事先给定的角度增量来追踪特征点;而对象捕捉追踪则按与对象的某种特定关系来追踪,这种特定的关系确定了一个用户事先并不知道的角度。也就是说,如果事先知道要追踪的方向(角度),则使用极轴追踪;如果事先不知道具体的追踪方向(角度),但知道与其他对象的某种关系(如相交),则用对象捕捉追踪。极轴追踪和对象捕捉追踪可以同时使用。

注意:对象追踪必须与对象捕捉同时工作,也就是在追踪对象捕捉到点之前,必须先打开对象捕捉功能。

1)极轴追踪设置

极轴追踪功能可以在系统要求指定一个点时,按预先设置的角度增量显示一条无限延伸的辅助线(这是一条虚线),这时就可以沿辅助线追踪得到光标点。

2)对象捕捉追踪设置

可以沿指定方向(称为对齐路径)按指定角度或与其他对象的指定关系绘制对象。要对极轴追踪和对象捕捉追踪进行设置,可在"草图设置"对话框的"极轴追踪"选项卡中进行。

注意:打开正交模式,光标将被限制沿水平或垂直方向移动。极轴追踪模式不能同时打开,若一个打开,另一个将自动关闭。

6. 动态输入

"动态输入"在光标附近提供了一个命令界面,以帮助用户专注于绘图区域。

1)执行方式

命令行:DSETTINGS。

菜单:"工具"→"草图设置"。

工具栏:"对象捕捉"→"对象捕捉设置"。

状态栏:DYN(只限于打开与关闭)。

快捷键:F12(只限于打开与关闭)。

快捷菜单："对象捕捉设置"。

2）操作方法

按照上面执行方式操作或者在"DYN"开关单击鼠标右键，在快捷菜单中选择"设置"命令，系统将打开"草图设置"对话框的"动态输入"选项卡，如图 2-2-6 所示。其中"指针输入"选项功能如下：

（1）启动指针输入：打开动态输入的指针输入功能。

（2）设置：单击该按钮，打开"指针输入设置"对话框，如图 2-2-7 所示，可以设置指针输入的格式和可见性。

绘制线段时，指定起点后，如果打开"动态输入"功能，系统会在绘图平面提示"指定下一点"，并同时显示线段夹角，可以在文本框中修改夹角值。

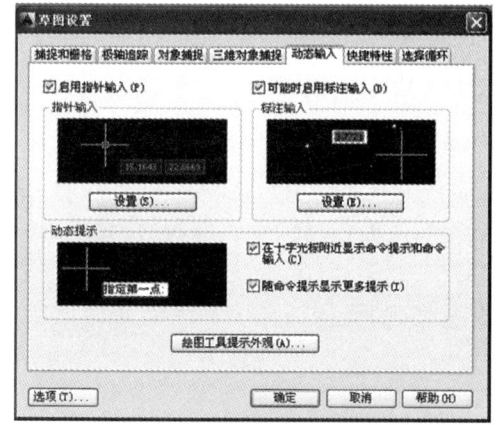

图 2-2-6 "动态输入"选项卡

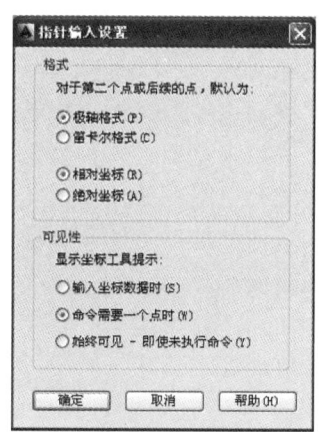

图 2-2-7 "指针输入设置"对话框

任务三　绘图环境设置

一、系统的配置

AutoCAD 的界面中心是绘图区，所有的绘图结果都反映在这个区域。一般来讲，使用默认配置就可以绘图，通常打开 AutoCAD 后的缺省设置界面为模型空间，这是一个没有任何边界、无限大的区域，因此，可以按照所绘图形的实际尺寸采用 1∶1 的比例尺在模型空间中绘图。为了使用用户的定点设备或打印机，以及为提高绘图的效率，建议用户在开始作图前先进行必要的设置。

1．执行方式

菜单："工具"→"选项"。

命令行：preferences。

2. 操作方法

执行上述命令后，系统自动打开"选项"对话框。用户可以在该对话框中选择有关选项，对系统进行配置。或单击鼠标右键，系统打开右键菜单，其中包括一些最常用的命令，如图 2-3-1 所示。下面就其中几个主要的选项卡进行说明，其他配置选项，在后面用到时再作具体说明。

图 2-3-1　右键选项

1）系统配置

"选项"对话框中的第 5 个选项卡为"系统"，如图 2-3-2 所示。该选项卡用来设置 AutoCAD 系统的有关特性。

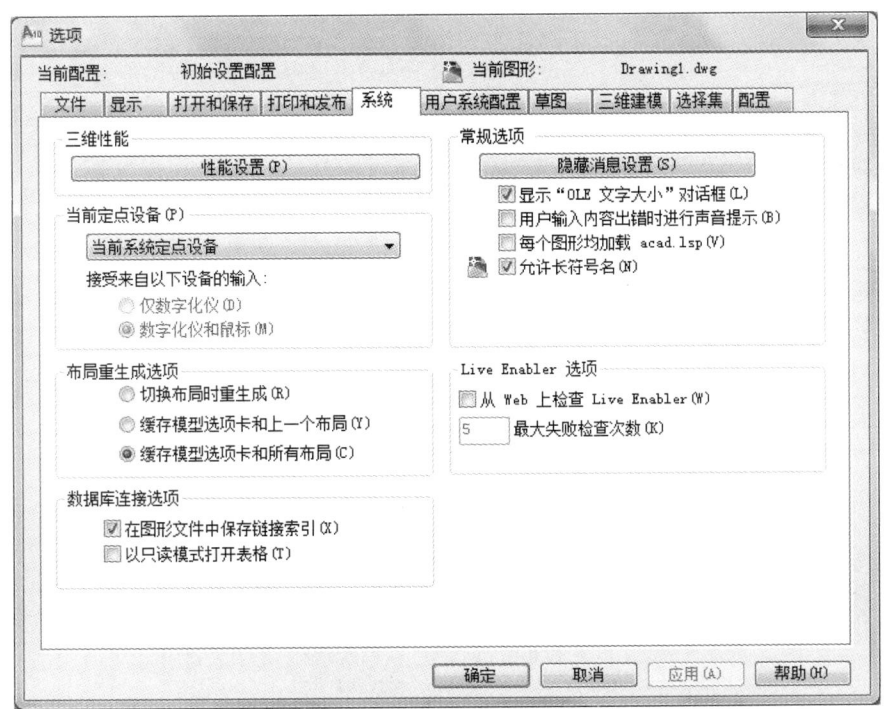

图 2-3-2　"系统"选项卡

2）显示配置

"选项"对话框中的第 2 个选项卡为"显示"，该选项卡用来控制 AutoCAD 窗口的外观，如图 2-3-3 所示。该选项卡设定屏幕菜单、屏幕颜色、光标大小、命令行窗口中文字行数、AutoCAD 的版面布局设置、各实体的显示分辨率以及 AutoCAD 运行时其他各项性能参数的设定等。有关选项的设置，读者可自己参照"帮助"文件学习。

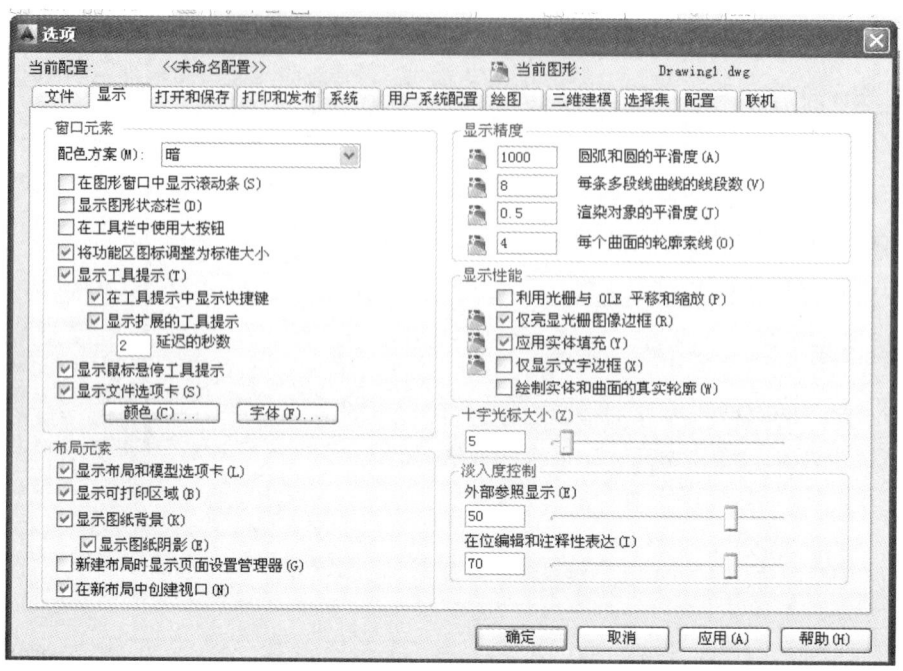

图 2-3-3 "显示"选项卡

在默认情况下，AutoCAD 的绘图窗口是黑色背景、白色线条，用户可根据需要对绘图窗口颜色进行修改，操作方法如下：

（1）在绘图窗口中选择"工具"菜单中的选项命令，将弹出"选项"对话框。打开"显示"选项卡，如图 2-3-3 所示。单击"窗口元素"选项组中的"颜色"按钮，打开"图形窗口颜色"对话框，如图 2-3-4 所示。

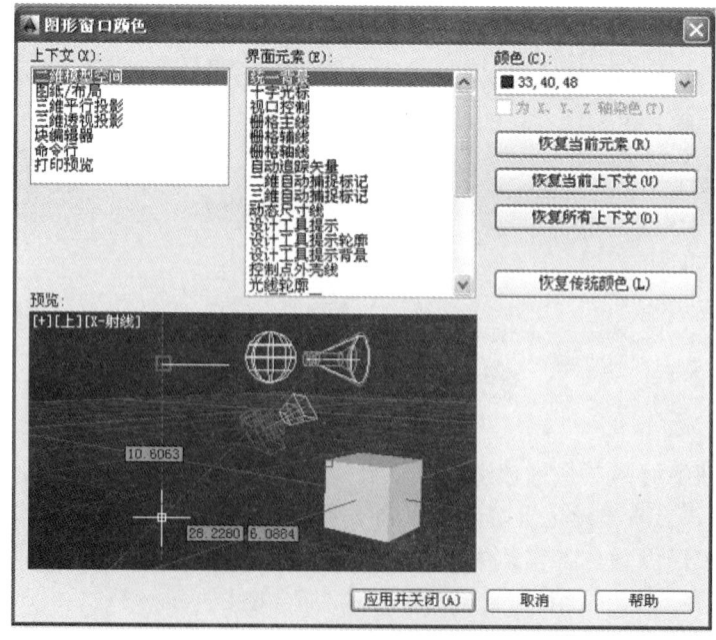

图 2-3-4 "图形窗口颜色"对话框

（2）单击"图形窗口颜色"对话框中"颜色"下拉列表框右侧的下拉箭头，在打开的下拉列表中选择需要的窗口颜色，然后单击"应用并关闭"按钮，此时 AutoCAD 绘图窗口变成了窗口背景色。

二、绘图界限的设置

绘图窗口的显示范围不等于绘图区域，可能比绘图区域大，也可能比绘图区域小。绘图区域是用左下角点和右上角点来限定的矩形区域。一般左下角点总设在世界坐标系（WCS）的原点（0，0）处，右上角点则用图纸的长和宽作点坐标。由于绘制的图形大小各异，在绘图前用户应首先确定绘图的界限，其方法是使用图形界限命令（LIMITS）。

1. 执行方式

菜单：格式→图形界限。
命令行：LIMITS。

2. 操作步骤

（1）输入命令：LIMITS。
（2）重新设置模型空间界限：
指定左下角点或[开（ON）/关（OFF）]：< 0.0000，0.0000 >
指定右上角点或 < 420.0000，297.0000 > ：
（3）也可以按光标位置直接按下鼠标左键确定角点位置，如图 2-3-5 所示。
这样一张 A3 图幅的界限就设置好了。

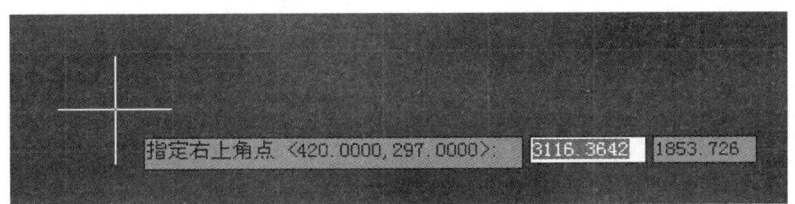

图 2-3-5　绘图界限的设置

三、设置图形单位

AutoCAD 提供了适合各种类型图样的绘图单位，在开始绘制一张新图之前，首先应该正确确定单位类型。调用设置图形单位的方法如下：
菜单栏："格式"→"单位"。
命令行：units。
执行上述命令后，系统将弹出"图形单位"对话框，如图 2-3-6 所示。在"图形单位"对话框中设置绘图时使用的长度单位、角度单位，以及单位的显示格式和精度等参数。

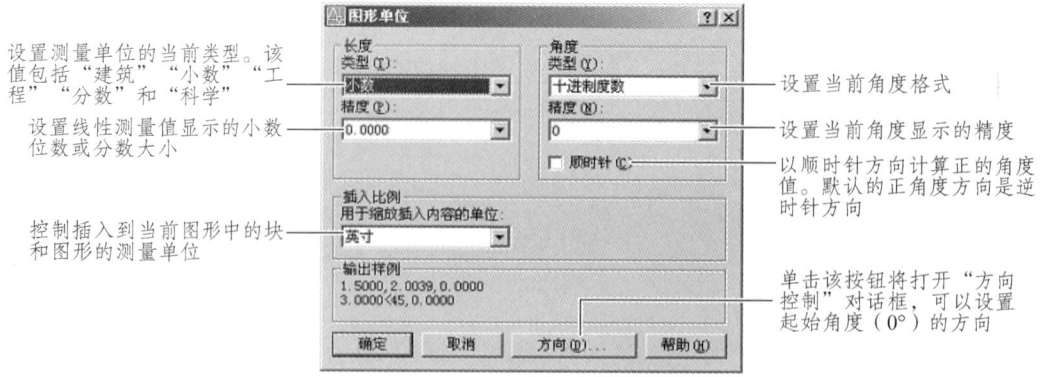

图 2-3-6 "图形单位"对话框

四、调整绘图区视图显示

为方便用户详细地观察、修改图形中的局部区域，AutoCAD 提供了缩放命令来在屏幕上放大或缩小图形的视觉尺寸，但其实际尺寸不变。调用缩放命令的方法如下：

菜单栏："修改"→"缩放"。

命令行：zoom。

"缩放"工具栏如图 2-3-7 所示。

图 2-3-7 "缩放"工具栏

将视图放大 10 倍显示：单击"缩放"工具栏中的比例缩放图标，或使用命令行输入命令，操作如下：

命令：zoom

指定窗口角点，输入比例因子，或{全部（A）中心点（C）动态（D）范围（E）上一个（P）比例（S）窗口（W）}：S   //键盘输入 S 选择比例选项

输入比例因子：10

五、坐标系

1. 认识世界坐标系与用户坐标系

AutoCAD 图形中各点的位置都是由坐标系来确定的。在 AutoCAD 中，有两种坐标系：一个是称为世界坐标系（WCS）的固定坐标系，另一个是称为用户坐标系（UCS）的可移动坐标系。在 WCS 中，X 轴是水平的，Y 轴是垂直的，Z 轴垂直于 XY 平面，符合右手法则，该坐标系存在于任何一个图形中且不可更改。

在AutoCAD中，为了能够更好地辅助绘图，经常需要修改坐标系的原点和方向。这时，世界坐标系将变为用户坐标系，即UCS。UCS的原点以及X轴、Y轴、Z轴方向都可以移动及旋转，甚至可以依赖于图形中某个特定的对象。尽管用户坐标系中的三个轴之间仍然互相垂直，但是在方向及位置上却更灵活。另外，UCS没有"口"形标记。

要设置UCS，可执行"工具"菜单中的"命名UCS""正交UCS""移动UCS"和"新建UCS"命令及其子命令，或执行"UCS"命令。

2. 坐标的表示方法

在AutoCAD中，点的坐标可以使用绝对直角坐标、绝对极坐标、相对直角坐标和相对极坐标四种方法。它们的特点如下：

（1）绝对直角坐标：是从点（0,0）或（0,0,0）出发的位移，可以使用分数、小数或科学记数等形式表示点的X轴、Y轴、Z轴坐标值，坐标间用逗号隔开，如点（83,5,8）和点（3.0,5.2,8.8）等。

（2）绝对极坐标：是从点（0,0）或（0,0,0）出发的位移，但给定的是距离和角度。其中，距离和角度用"<"分开，且规定X轴正向为0，Y轴正向为90，如点（427<60）、点（34<30）等。

（3）相对直角坐标：指相对于某点的X轴和Y轴的位移，或距离和角度。它的表示方法是在绝对坐标表达方式前加"@"号，如（@-13,8）和（@11<24）。

（4）相对极坐标：它的角度是新点和上一点连线与X轴的夹角。

3. 控制坐标的显示

在绘图窗口中移动光标的十字指针时，状态栏上将动态地显示当前指针的坐标。在AutoCAD中，坐标显示取决于所选择的模式和程序中运行的命令，它共有三种方式。

（1）模式0"关"：显示上一个拾取点的绝对坐标，此时，指针坐标将不能动态更新，只有在拾取一个新点时，显示才会更新。但是从键盘输入一个新点坐标时，不会改变显示方式。

（2）模式1"绝对"：显示光标的绝对坐标，该值是动态更新的，默认情况下显示方式是打开的。

（3）模式2"相对"：显示一个相对极坐标。当选择该方式时，如果当前处在拾取点状态，系统将展示光标所在位置相对于上一个点的距离和角度；当离开拾取点状态时，系统将恢复到模式1。

在实际绘图过程中，可以根据需要随时按F6键、Ctrl+D组合键或单击状态栏的坐标显示区域，在这三种方式间切换。

4. 创建坐标系

在AutoCAD中，执行"视图"→"坐标工具栏"命令，利用它的子命令可以方便地创建UCS，包括世界和对象命令等。其意义如下：

（1）"世界"命令：从当前的用户坐标系恢复到世界坐标系。WCS是所有用户坐标系的标准，不能被重新定义。

（2）"对象"命令：根据选取的对象，快速简单地建立 UCS，使对象位于新的 *XY* 平面，其中，*X* 轴和 *Y* 轴的方向取决于选择的对象类型。该选项不能用于三维实体、三维多段线、三维网格、视图、多线、面域、样条曲线、椭圆、射线、参照线、引线和多行文字等对象。

5．使用正交用户坐标系

单击"视图"→"坐标"右边的按钮（下标箭头），可以从弹出的对话框中选择"正交 UCS"，还可以选择如俯视、仰视、左视、右视、主视和后视等。从"当前 UCS：未命名"列表中选择需要使用的正交坐标系，如图 2-3-8 所示。

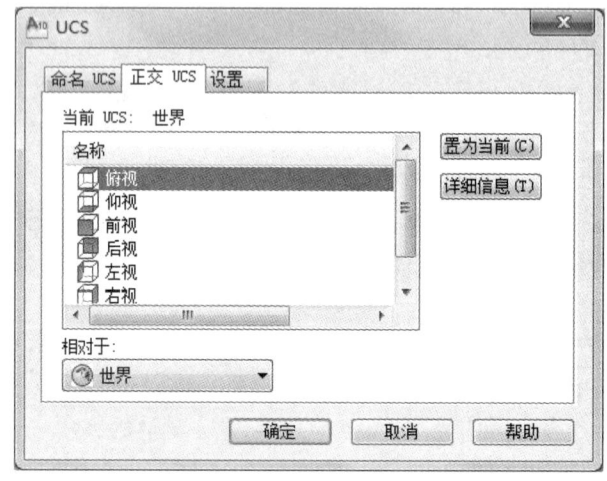

图 2-3-8　正交 UCS

6．命名用户坐标系

单击"视图"→"坐标"右边的按钮（下标箭头），打开"UCS"对话框，如图 2-3-9 所示。单击"命名 UCS"标签打开其选项卡。在"当前 UCS：未命名"列表中选中"世界""上一个"或某个 UCS，然后单击"置为当前"按钮，可将其置为当前坐标系。也可以单击"详细信息"按钮，在弹出的"UCS 详细信息"对话框中查看坐标系的详细信息。

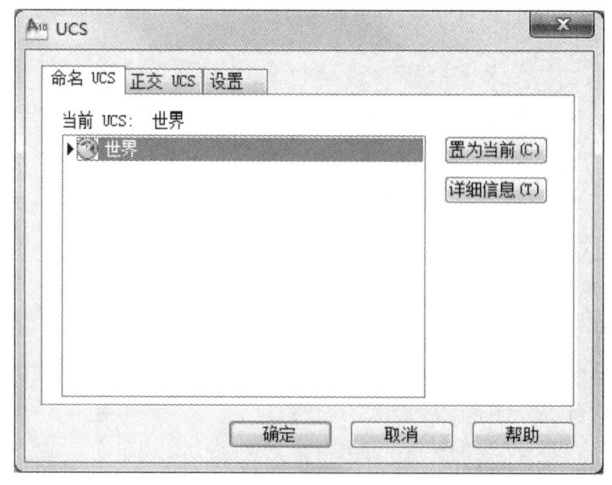

图 2-3-9　命名 UCS

此外，在当前 UCS 列表中的坐标系选项上右击，将弹出一个快捷菜单，可以重命名坐标系、删除坐标系和将坐标系设为当前坐标系。

7. 设置 UCS 的其他选项

在 AutoCAD 中，可以通过执行"视图"→"显示"→"UCS 图标"子菜单中的命令控制坐标系图标的可见性及显示方式。

（1）"视图"→"显示"→"UCS 图标"→"开"命令：执行该命令可以在当前视口中打开 UCS 图符显示，取消该命令则可在当前视口中关闭 UCS 图符显示。

（2）"视图"→"显示"→"UCS 图标"→"原点"命令：执行该命令可以在当前坐标系的原点处显示 UCS 图符；取消该命令则可以在视口的左下角显示 UCS 图符，而不考虑当前坐标系的原点。

（3）"视图"→"显示"→"UCS 图标"→"特性"命令：执行该命令可打开"UCS 图标"对话框，从中可以设置 UCS 图标样式、大小、颜色及布局选项卡中的图标颜色。

此外，在 AutoCAD 中，还可以使用 UCS 对话框中的"设置"选项卡，如图 2-3-10 所示，对 UCS 图标或 UCS 进行设置。

图 2-3-10 设置 UCS

六、控制图形显示

1. 缩放和平移视图

执行方式如下：

（1）用鼠标的滑动按钮拖动编排图像。

（2）快捷键，右击鼠标，在弹出的快捷键菜单中执行"平移"命令。

2. 使用命名视图

用户可以在一张工程图纸上创建多个视图，当要观察、修改图纸上的某部分视图时，将该视图恢复出来即可。

要命名视图，则执行"视图"→"命名视图"命令（VIEW），或在"视图"工具栏中单击"命名视图"按钮，打开"视图管理器"对话框。

在"视图管理器"对话框中，可以创建、设置、重命名以及删除命名视图。其中，"当前视图"选项后显示了当时视图的名称。

（1）"置为当前"按钮：将选中的命名视图设置为当前视图。

（2）"新建"按钮：创建新的命名视图。单击该按钮，将打开"新建视图/快照特性"对话框，如图2-3-11所示。可以在"视图名称"文本框中设置视图名称；在"视图类别"下拉列表框中为命名视图选择或输入一个类别；在"边界"选项组中通过选中"当前显示"或"定义窗口"单选按钮来创建视图的边界区域；在"设置"选项组中，可以设置是否"将图层快照与视图一起保存"和"UCS与视图一起保存"，并可以通过"UCS"名称下拉列表框设置命名视图的UCS。

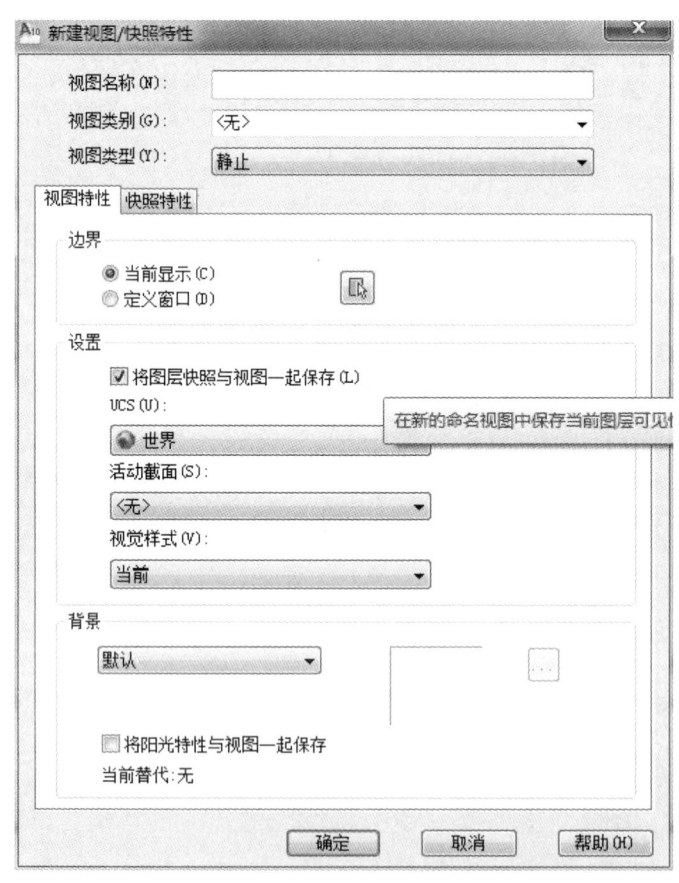

图2-3-11 "新建视图/快照特性"对话框

（3）"更新图层"按钮：单击该按钮，可以使用选中的命名视图中保存的图层信息更新当前模型空间或布局视图中的图形信息。

（4）"编辑边界"按钮：单击该按钮，切换到绘图窗口中，可以重新定义视图的边界。

（5）"详细信息"按钮：单击该按钮，打开"视图详细信息"对话框，此时将显示指定命名视图的详细信息。

（6）"删除"按钮：单击该按钮，可以删除选中的命名视图。

3. 使用平铺视口

在绘图时，为了方便编辑，常需要将图形的局部进行放大，以显示细节。当需要观察图形的整体效果时，仅使用单一的绘图视口已无法满足需要。此时，可使用 AutoCAD 的平铺视口功能，将绘图窗口划分为若干视口。

平铺视口是指把绘图窗口分成多个矩形区域，从而创建多个不同的绘图区域，其中每一个区域都可用来查看图形的不同部分。在 AutoCAD 中，可以同时打开多达 32 000 个视口。屏幕上还可保留菜单栏和命令提示窗口。在 AutoCAD 中执行"视图"→"视口"子菜单中的命令或使用"视口"工具栏，都可以在模型空间创建和管理平铺视口。

4. 使用鸟瞰视图

执行方式如下：

（1）下拉菜单：执行"视图"→"鸟瞰视图"命令。

（2）命令行：dsviewer。

"鸟瞰视图"窗口是一种浏览工具。它在一个独立的窗口中显示整个图形的视图，以便捷快速定位并移动到某个特定区域。"鸟瞰视图"打开时，不需用选择菜单选项或输入命令就可以进行缩放和平移。

执行实时缩放和实时平移操作的步骤如下：

（1）在"鸟瞰视图"窗口中单击，则在该窗口中出现平移框（即矩形框），表明当前是平移模式。拖动该平移框，就可以使图形实时移动。

（2）当窗口中出现平移框后，单击平移框左边的小箭头，此时为缩放模式。拖动鼠标就可以实现图形的实时缩放，同时会改变框的大小。

（3）在窗口中再次单击，则又切换回平移模式。

利用上述方法，可以实现实时平移与实时缩放的切换。

总　结

本项目主要是针对初学者，使其掌握 AutoCAD 的绘图环境设置、基本文件操作、坐标系的理解和操作以及界面的操作，为下一步二维图形的绘制打下坚实基础。

思考题

（1）怎样实现圆心、象限点、直线中点的捕捉？
（2）怎样对绘图环境进行设置？如绘图参数、单位、界限等。

项目实训

创建绘图环境。
（1）在工具栏中单击"新建"按钮，或单击 A 按钮，选择"新建"选项。
（2）打开"选择样板"对话框，在该对话框中选择一个样板。
（3）以"姓名+学号"命名建立一个加密的绘图文件。

项目三　绘图软件的应用

项目学习任务

任务一　图层、线型、线宽及颜色设置
任务二　二维图形的绘制
任务三　常用二维图形的编辑
任务四　文本、表格与尺寸标注
任务五　图形的输入和输出

任务一　图层、线型、线宽及颜色设置

图层是对图形、文字标注等对象的归类，是用户组织和管理图形的强有力的工具。用户可以将图层想象成一叠没有厚度的透明纸，将具有不同特性的实体分别置于不同的图层，然后将这些图层按同一基准点对齐，就可得到一幅完整的图形。

在 AutoCAD 中，所有的图形对象都具有图层、线型、线宽、颜色 4 个基本属性。在绘制具体的图形之前，应对这些基本属性先进行设置，这样可以方便地控制图形对象的显示和编辑，从而提高绘制复杂图形的效率和准确性。

一、创建及设置图层

图层创建要在"图层特性管理器"中进行，进入"图层特性管理器"的方式有以下几种。
（1）命令行：la 或 layer。
（2）工具栏："图层特性管理器"按钮。
（3）菜单栏："格式"→"图层"命令。

执行启动图层命令后，系统弹出"图层特性管理器"对话框，如图 3-1-1 所示。"图层特性管理器"对话框中列出了图层的名称、状态等图层的特性。系统会自动生成 0 层。

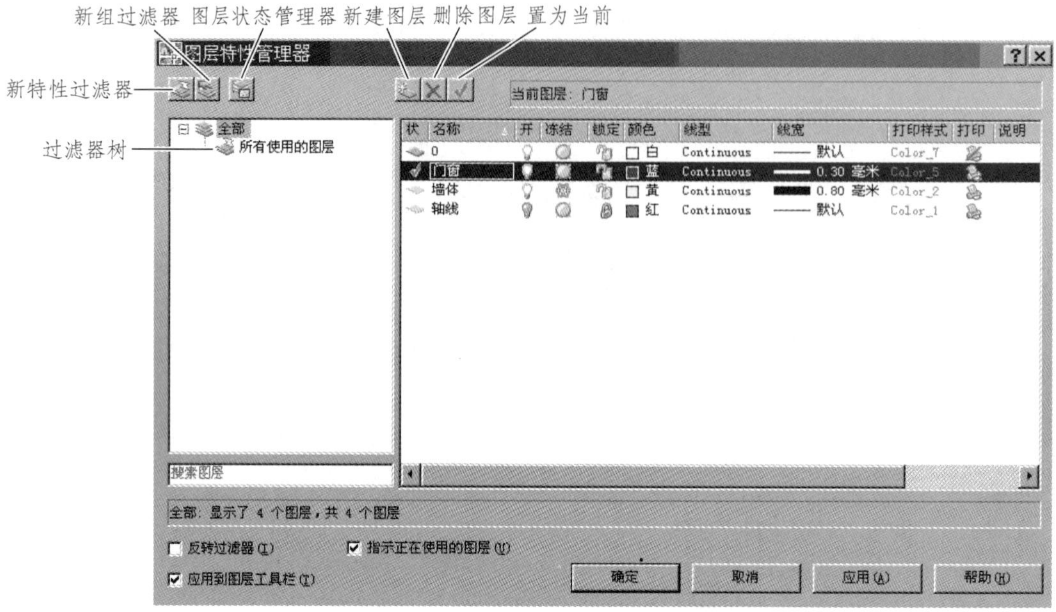

图 3-1-1 "图层特性管理器"对话框

在"图层特性管理器"对话框中,单击"新建图层"按钮,在 0 层下方显示一个新层,其默认层名为"图层 1"。在默认情况下,图层的名称按图层 0、图层 1、图层 2 等编号依次递增。用户可以根据需要,为图层创建一个名称。新建图层高亮显示,用户可按需要改变新层的名字,新层的颜色、线型和线宽等自动与 0 层一致。

二、控制图层状态

在 AutoCAD 中,通过"图层特性管理器"对话框或"图层"工具栏中的"图层控制"下拉列表中的特征图标可控制图层的状态。

(1)开/关图层 ♀：用于显示和不显示图层上的对象。控制图标若是开灯,表示该图层打开,相应图层里的对象可见；若是关灯,则表示该图层关闭,图层不显示,不能打印。

(2)锁定/解锁图层：用于锁定和解锁图层上的对象。控制图标若是开锁,表示图层里的对象未受限制,是解锁状态；若是锁定,表示图层里的对象被锁定,可见但不能编辑。

(3)冻结/解冻图层：用于冻结图层状态。控制图标若是太阳,表示图层里的对象可见并能修改；若是雪花,则表示该图层被冻结,这时图层上的图形对象既不可见也不能编辑。

(4)打印/不打印：用于控制图层上的对象是否被打印出来。控制图标若打开,则打印；若不打开,则不打印。

(5)使用图层成为当前层。

绘图操作只能在一个图层上进行。要想利用新建的图层,绘图时需要设置其为当前层。

方法一：在"图层特性管理器"对话框中选择要用的图层,双击即可。

方法二：在"图层"工具栏的下拉列表框中选择想要的图层。

三、设置图层颜色、线型、线宽

1. 设置图层颜色

图层的颜色实际上是图层中图形对象的颜色。每一个图层都应具有一定的颜色，对不同的图层可以设置相同的颜色，也可以设置不同的颜色。

单击"图层特性管理器"对话框中某一图层的颜色小方框，弹出"选择颜色"对话框，从中进行图层颜色选择，如图 3-1-2 所示。

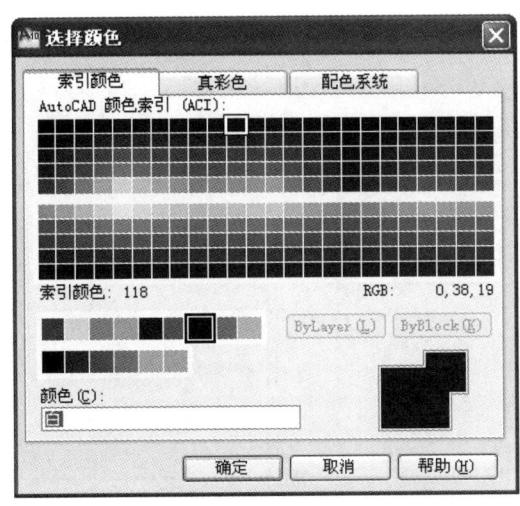

图 3-1-2 "选择颜色"对话框

2. 设置图层线型

线型是指作为图形基本元素的线条的组成和显示方式，如实线、点画线等。在许多绘图工作中，常常以线型划分图层。AutoCAD 中默认线型为 Continuous。为某一个图层设置合适的线型，在绘图时，只需将该图层设为当前工作层，即可绘制出符合线型要求的图形对象，极大地提高了绘图的效率。

单击图层所对应的线型图标，即可打开"选择线型"对话框，如图 3-1-3 所示。单击"加载"按钮，打开"加载或重载线型"对话框。可以看到，AutoCAD 还提供了许多其他的线型。用鼠标选择所需线型，单击"确定"按钮，即可把该线型加载到"已加载的线型"列表框中。

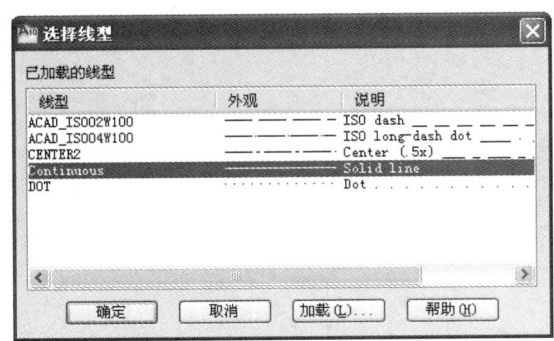

图 3-1-3 "选择线型"对话框

3. 设置线宽

设置线宽顾名思义就是改变线条的宽度，用不同宽度的线条表现图形对象的类型，设置线宽可以提高图形的表达能力和可读性，例如绘制幅框线时使用 0.7 mm 的细线，绘制图框线时使用 1.0 mm 或 1.4 mm 的粗线。

单击图层所对应的线宽图标，即可打开"线宽"对话框，如图 3-1-4 所示。选择一个线宽，单击"确定"按钮完成对图层线宽的设置。

图层线宽的默认值为 0.25 mm。在状态栏为"模型"状态时，显示的线宽同计算机的像素有关。线宽为零时，显示为一个像素的线宽。单击状态栏中的"线宽"按钮，屏幕上显示图形线宽，显示的线宽与实际线宽成比例，如图 3-1-5 所示。但线宽不随着图形的放大和缩小而变化。"线宽"功能关闭时，不显示图形的线宽，图形的线宽均为默认值宽度值显示。

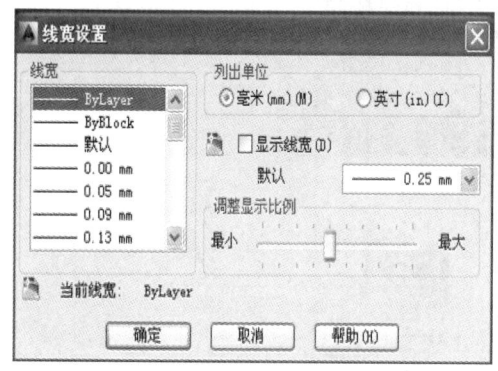

图 3-1-4 "线宽设置"对话框

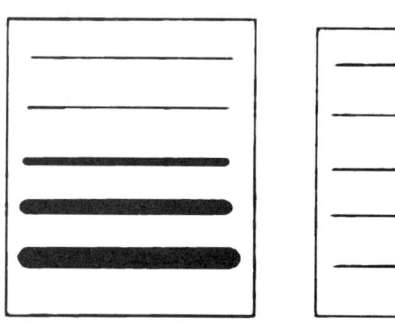

图 3-1-5 线宽显示效果图

任务二 二维图形的绘制

一、线的绘制

（一）直线（line）

直线是 AutoCAD 中最简单、最常见的对象。使用 line 命令，可以创建一系列连续的直线段，或者由首尾相连的多条直线段构成平面、空间折线或封闭多边形。每条线段都是可以单独进行编辑的直线对象。

1. 启用命令方法

启动直线命令的常用方法有以下几种。

（1）命令行：line 或 l（l 是 line 的简化命令，首选）。

（2）工具栏："直线"按钮。

（3）菜单栏："绘图"→"直线"命令。

2. 操作步骤

选择图层为 0 层,使用直线命令绘制一个"通信局、所、台"的一般符号,如图 3-2-1 所示。其操作过程如下:

(1)命令:1 //输入 1,输入任何命令都需要按确认键,确认键可以是空格键或回车键
(2)指定第一点:100,100 //输入绝对直角坐标,确定第 1 点
(3)指定下一点或[放弃(U)]:@500,0 //输入相对直角坐标,确定第 2 点
(4)指定下一点或[放弃(U)]:@0,150 //输入绝对直角坐标,确定第 3 点
(5)指定下一点或[闭合(C)/放弃(U)]:@-500,0 //输入绝对直角坐标,确定第 4 点
(6)指定下一点或[闭合(C)/放弃(U)]:c //封闭图形结束绘图

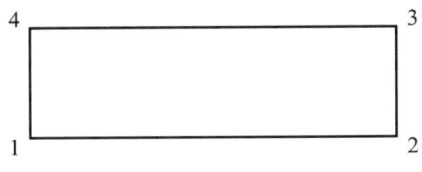

图 3-2-1 通信局、所、台的一般符号

拓展练习:绘制有线终端站,如图 3-2-2 所示。绘制有线分路站,如图 3-2-3 所示。

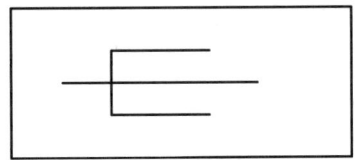 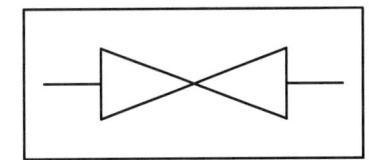

图 3-2-2 有线终端站   图 3-2-3 有线分路站

(二)多段线(pline)

多段线通常是指多个直线段或圆弧组成的一个对象。使用一个直线命令绘制多个线段时,每个线段是一个独立的对象,而使用一个多段线命令绘制的图形是一个整体。多段线命令还可以绘制圆弧,或者直线和圆弧的组合体,并可以对不同的线段设置不同的宽度,从而绘制出的图形比直线命令绘制的图形更加复杂多样。

1. 启用命令方法

(1)菜单栏:"绘图"→"多段线"命令。
(2)工具栏:"多段线"按钮。
(3)命令行:pline(缩写为 pl)。

2. 操作步骤

下面通过两个例子介绍多段线的绘制方法。选择图层为 0 层。
简易足球场的绘制。
(1)命令:pl //在命令行窗口中输入 pl 启动多段线命令

(2)指定起点：//指定多段线的起点，在屏幕任意位置上单击指定起点

当前线宽为 0.0000（提示当前多段线的宽度）

(3)指定下一个点或[圆弧（A）/半宽（H）/长度（L）/放弃（U）/宽度（W）]：100，0

(4)指定下一点或[圆弧（A）/闭合（C）/半宽（H）/长度（L）/放弃（U）/宽度（W）]：a　//修改多段线线型为弧线

(5)指定圆弧的端点或[角度（A）/圆心（CE）/闭合（CL）/方向（D）/半宽（H）/直线（L）/半径（R）/第二个点（S）/放弃（U）/宽度（W）]：@0，-300

(6)指定圆弧的端点或[角度（A）/圆心（CE）/闭合（CL）/方向（D）/半宽（H）/直线（L）/半径（R）/第二个点（S）/放弃（U）/宽度（W）]：l　　　　//修改多段线线型为直线

(7)指定下一点或[圆弧（A）/闭合（C）/半宽（H）/长度（L）/放弃（U）/宽度（W）]：@-100，0

(8)指定下一点或[圆弧（A）/闭合（C）/半宽（H）/长度（L）/放弃（U）/宽度（W）]：a　//再次修改多段线线型为弧线

(9)指定圆弧的端点或[角度（A）/圆心（CE）/闭合（CL）/方向（D）/半宽（H）/直线（L）/半径（R）/第二个点（S）/放弃（U）/宽度（W）]：@0，300

(10)指定圆弧的端点或[角度（A）/圆心（CE）/闭合（CL）/方向（D）/半宽（H）/直线（L）/半径（R）/第二个点（S）/放弃（U）/宽度（W）]：空格或回车键//结束命令

绘制完毕后如图 3-2-4 所示。

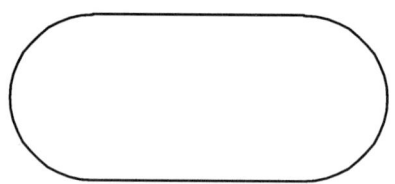

图 3-2-4　简易运动场

拓展练习：绘制一个简易灯笼，如图 3-2-5 所示。

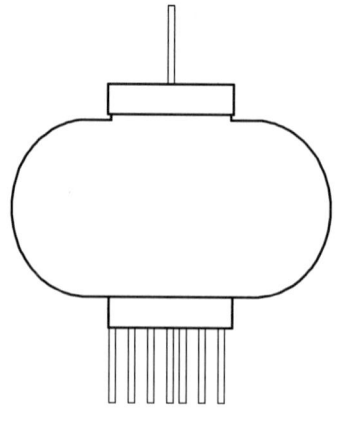

图 3-2-5　简易灯笼

箭头的绘制。

（1）命令：pl　　//在命令行窗口中输入pl启动多段线命令

（2）指定起点：　　//指定多段线的起点，在屏幕任意位置上单击指定起点

当前线宽为0.0000（提示当前多段线的宽度）

（3）指定下一个点或[圆弧（A）/半宽（H）/长度（L）/放弃（U）/宽度（W）]：@20，0

（4）指定下一点或[圆弧（A）/闭合（C）/半宽（H）/长度（L）/放弃（U）/宽度（W）]：w

（5）指定起点宽度：5

（6）指定端点宽度：0

（7）指定下一点或[圆弧（A）/闭合（C）/半宽（H）/长度（L）/放弃（U）/宽度（W）]：@5，0

（8）指定下一点或[圆弧（A）/闭合（C）/半宽（H）/长度（L）/放弃（U）/宽度（W）]：空格或回车键　　//结束命令

箭头绘制完毕后如图3-2-6所示。

图 3-2-6　箭头

拓展练习：绘制墙挂式交接箱，如图3-2-7所示。绘制光纤连接器，如图3-2-8所示。

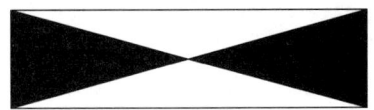

图 3-2-7　墙挂式交接箱

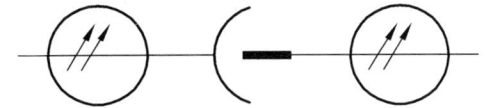

图 3-2-8　光纤连接器

（三）构造线（xline）

构造线是两端无限延长的直线，绘制方法与直线命令line类似，在绘图过程中经常用来制作辅助线，比如机房户型图中的基线，机器设备的长对正、宽相等的辅助线等。

1. 启用命令方法

（1）命令行：xline 或 xl。

（2）工具栏："构造线"按钮。

（3）菜单栏："绘图"→"构造线"命令。

2. 操作步骤

下面绘制图3-2-9，选择图层为0层。

（1）绘制圆。输入circle，按回车键。在绘图区单击获得圆心，输入200，按回车键做半径为200的圆。

（2）输入 xl。
（3）自动捕捉圆心，单击。
（4）鼠标向 0°方向移动，单击。
（5）鼠标移动到 90°方向，单击。
（6）按回车键或空格键结束构造线的绘制，效果如图 3-2-9 所示。

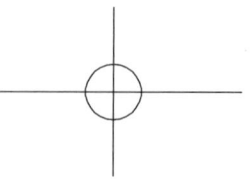

图 3-2-9　构造线

（四）多线（mline）

多线是一组由两条平行直线组成的对象。在 AutoCAD 中，这种平行直线被称为图元，每一个图元都可以有不同的颜色、线型和偏移量。由于这些特性，多线被广泛应用于建筑制图墙体等的绘制中。多线的绘制通常经过自定义样式、绘制多线和编辑多线 3 步。

1. 多线样式设定

1）启用命令方法

（1）命令行：mlstyle。
（2）菜单栏："格式"→"多线样式"命令。

2）多线样式对话框

AutoCAD 提供的默认多线样式是 standard。"多线样式"对话框如图 3-2-10 所示，其中各选项含义如下。

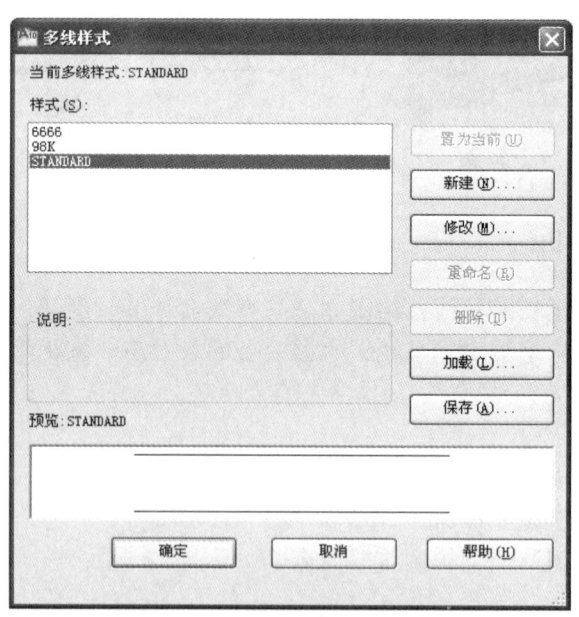

图 3-2-10　"多线样式"对话框

置为当前：将选定多线样式设置为当前样式。绘制多线时，系统将默认使用当前多线样式。

新建：创建一种新的多线样式。

修改：对选定的多线样式进行重新编辑。

重命名：可以对自定义的多线样式进行更名操作。

删除：删除所选定的多线样式。

加载：如果有已保存成文件类型的多线样式，可通过加载的方式直接引用。

保存：将选定的多线样式保存成文件形式，供加载使用。

在"多线样式"对话框上单击"新建"按钮，弹出图 3-2-11 所示的"创建新的多线样式"对话框。在新样式名文本框中输入新的多线样式名后，单击"继续"按钮，对话框如图 3-2-12 所示，在"修改多线样式"对话框中，各选项含义如下。

图 3-2-11 "创建新的多线样式"对话框

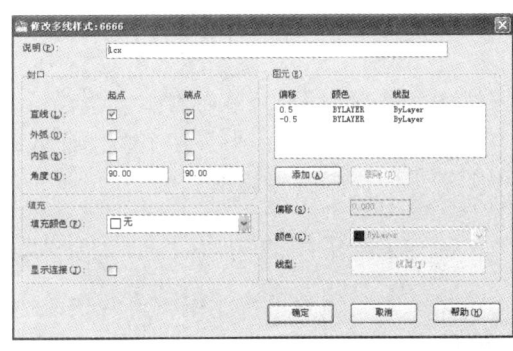

图 3-2-12 "修改多线样式"对话框

直线：在多线的两端产生直线封口形式。

外弧：在多线的两端产生外圆弧封口形式。

内弧：在多线的两端产生内圆弧封口形式。

角度：多线某一端的端口与多线的夹角。

填充颜色：多线所构成的闭合区域中的填充色。

显示连接：在多线拐角处显示连接线。

添加：为多线添加图元，即平行线。

删除：删除选定的图元。

偏移：编辑选定图元的偏移量。

颜色：编辑选定图元的线条颜色。

线型：编辑选定图元的线型。

设定完上述选项，单击"确定"按钮，完成多线样式的新建操作。"新建多线样式"对话框自动关闭，回到"多线样式"对话框。如果要使用自定义的多线样式，可单击"多线样式"对话框的"置为当前"按钮，也可在"mline"命令中使用 st 参数修改多线样式名称。

在"多线样式"对话框的"样式"列表里选定要修改的多线样式名称，单击"修改"按钮，弹出"修改多线样式"对话框。该对话框与"新建多线样式"对话框的内容及操作基本一致。

2．绘制多线

完成多线样式的设置后，就可以使用该多线样式进行多线绘制。

1）启用命令方法

（1）命令行：mline。

（2）菜单栏："绘图"→"多线"命令。

2）参数介绍

多线命令有三个参数：对正（J）、比例（S）和样式（ST），参数说明如下。

① 对正（J）：指定多线中的哪条线段的端点与鼠标的移动轨迹重合。该参数有以下三个选项。

上（T）：若从左向右绘制多线，则多线最顶部的线段与鼠标的移动轨迹重合。

无（Z）：多线的 0 偏移量位置与鼠标的移动轨迹重合。

下（B）：若从左向右绘制多线，则多线最底部的线段与鼠标的移动轨迹重合。

② 比例（S）：绘制多线的过程中，可以通过比例值的设置调节多线的实际偏移量，即多线的实际偏移量=新建÷修改多线样式对话框中设置的图元偏移量×比例。

③ 样式（ST）：当有多个多线样式时，可通过 ST 参数输入多线样式名称，决定究竟使用哪种多线样式进行多线绘制。

3. 编辑多线

多线编辑命令可用于编辑多线的绘制效果，其主要功能有以下几个方面。

（1）添加或删除顶点。

改变两条多线的相交形式。如使两条多线相交成"十"形或"T"形等。

（2）控制角点的可预见性。

1）启用命令方法

命令行：mledit。

菜单栏："修改"→"对象"→"多线"命令。

2）操作步骤

启动多线编辑命令后，打开如图 3-2-13 所示的"多线编辑工具"对话框，该对话框中的每个小图形形象地展示了多线编辑后的效果，说明了各编辑命令的功能。

图 3-2-13 "多线编辑工具"对话框

（五）样条曲线（spline）

样条曲线是一种通过或接近指定点的拟合曲线。在 AutoCAD 中，样条曲线的类型是非均匀关系基本样条曲线。这种类型的曲线适合表达具有不规则变化曲率半径的曲线，在机械图形的截切面、地形外貌轮廓线中被广泛使用。

1. 启用命令方法

（1）命令行：spline。
（2）工具栏："样条曲线"按钮。
（3）菜单栏："绘图"→"样条曲线"命令。

2. 操作步骤

下面以通过给定点绘制样条曲线为例介绍其绘制方法。

通过点（point）命令绘制点，如图 3-2-14 所示。在绘制点之前需要设置点样式。点样式可以通过命令"ddptype"进入"点样式"对话框，如图 3-2-15 所示。过这些点绘制样条曲线的执行过程如下：

（1）命令：spline
（2）指定第一个点或[对象（O）]：（拾取点 A）
（3）指定下一点：（拾取点 B）
（4）指定下一点或[闭合（C）/拟合公差（F）]<起点切向>：（拾取点 C）
（5）指定下一点或[闭合（C）/拟合公差（F）]<起点切向>：（拾取点 D）
（6）指定下一点或[闭合（C）/拟合公差（F）]<起点切向>：（拾取点 E）
（7）指定下一点或[闭合（C）/拟合公差（F）]<起点切向>：（拾取点 F）
（8）指定下一点或[闭合（C）/拟合公差（F）]<起点切向>：
（9）指定起点切向：
（10）指定端点切向：

效果如图 3-2-14 所示。

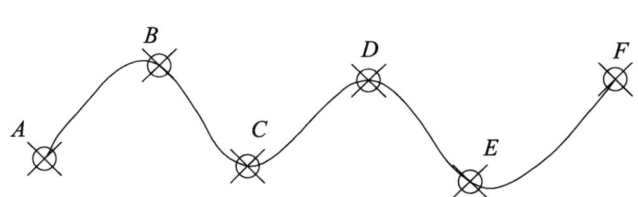

图 3-2-14 样条曲线效果图

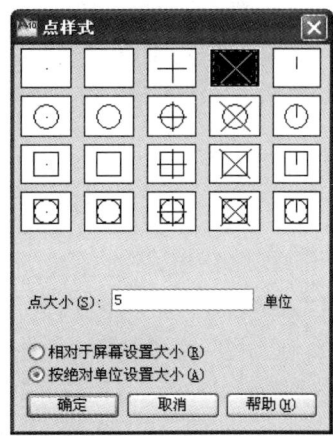

图 3-2-15 "点样式"对话框

拓展练习：绘制池塘，如图 3-2-16 所示。绘制山脉等高线，如图 3-2-17 所示。

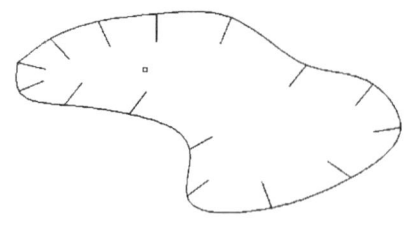

图 3-2-16　池塘

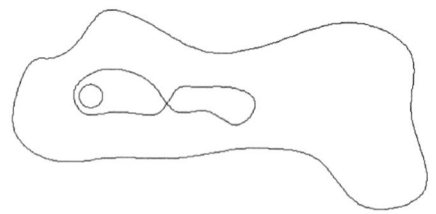

图 3-2-17　山脉等高线

二、弧形的绘制

（一）圆（circle）

圆是一种比较常见的基本图形单元。AutoCAD 中提供了多种绘制圆形的方法，默认的绘制方法是通过指定圆心和半径进行绘制。此外，还有指定圆心和直径画圆；通过两点或三点画圆；通过相切、相切、半径画圆以及通过相切、相切、相切画圆等几种方法。

1. 启用命令方法

（1）命令行：circle 或 c。
（2）工具栏："圆"按钮。
（3）菜单栏："绘图"→"圆"命令。

2. 操作步骤

下面通过绘制一个三角形的外接圆和内切圆来介绍圆命令的使用方法，执行过程如下：
（1）使用 line 命令绘制一个等腰三角形。
（2）输入 C，按空格键或回车键。
（3）输入 3p，按空格键或回车键。
（4）依次捕捉三角形的三个顶点。三角形的外接圆绘制成功。
（5）按回车键或空格键重复 C 命令。
（6）输入 3p，按空格键或回车键。
（7）输入 tan 按回车键，在三角形第一条边上单击，输入 tan 按回车键，在三角形第二条边上单击，输入 tan 按回车键，在三角形第三条边上单击，完成三角形内切圆的绘制。效果如图 3-2-18 所示。

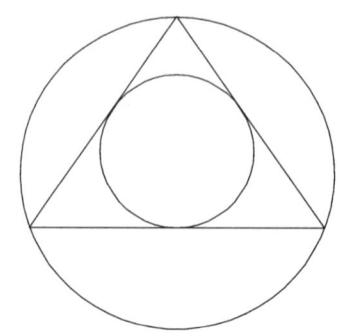

图 3-2-18　三角形的外接圆和内切圆

拓展练习：绘制卫星通信地球站，如图 3-2-19 所示。绘制可移动的无线电台，如图 3-2-20 所示。

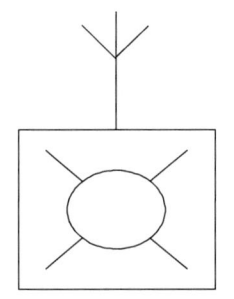
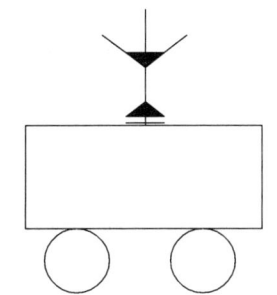

图 3-2-19　卫星通信地球站　　　　图 3-2-20　可移动的无线电台

（二）圆弧（arc）

圆弧是圆的一部分，可以使用多种方法创建圆弧。

1. 启用命令方法

（1）命令行：arc 或 a。
（2）工具栏："圆弧"按钮 。
（3）菜单栏："绘图"→"圆弧"命令。

2. 操作步骤

系统默认方式为用三点创建圆弧，如图 3-2-21（a）所示。
（1）输入命令：ARC
（2）指定圆弧的起点或[圆心（C）]：指定起点（第一点）
（3）指定圆弧的第二个点或[圆心（C）/端点（E）]：指定第二点
（4）指定圆弧的端点：指定端点
要绘制圆弧，还可以指定圆心、起点、端点、半径、角度、弧长和方向的值的组合。
（1）利用圆弧的起点、圆心和端点绘制圆弧，如图 3-2-21（b）所示。
① 输入命令：ARC
② 指定圆弧的起点或[圆心（C）]：
③ 指定圆弧的第二个点或[圆心（C）/端点（E）]：C（选择圆心方式）
④ 指定圆弧的端点：
⑤ 指定圆弧的端点或[角度（A）/弦长（L）]：
（2）利用圆弧的圆心、起点和夹角绘制圆弧，如图 3-2-21（c）所示。
① 命令：ARC
② 指定圆弧的起点或[圆心（C）]：C（选择圆心方式）
③ 指定圆弧的圆心：
④ 指定圆弧的起点：
⑤ 指定圆弧的端点或[角度（A）/弦长（L）]：A（选择圆弧夹角方式）

⑥ 指定包含角:(输入圆弧夹角的角度值)
(3)利用圆弧的起点、圆心和圆弧的弦长绘制圆弧,如图3-2-21(d)所示。
① 命令:ARC
② 指定圆弧的起点或[圆心(C)]:
③ 指定圆弧的第二个点或[圆心(C)/端点(E)]:C(选择圆心方式)
④ 指定圆弧的圆心:(指定圆弧的圆心)
⑤ 指定圆弧的端点或[角度(A)/弦长(L)]:L(选择弦长方式)
⑥ 指定弦长:(指定弦长的长度)
其他几种方式不一一列举。

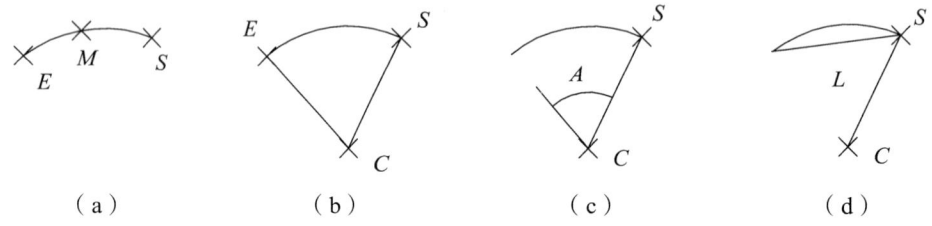

图 3-2-21 绘制圆弧的方法

拓展练习:绘制简易门,如图3-2-22所示。绘制小型变压器,如图3-2-23所示。

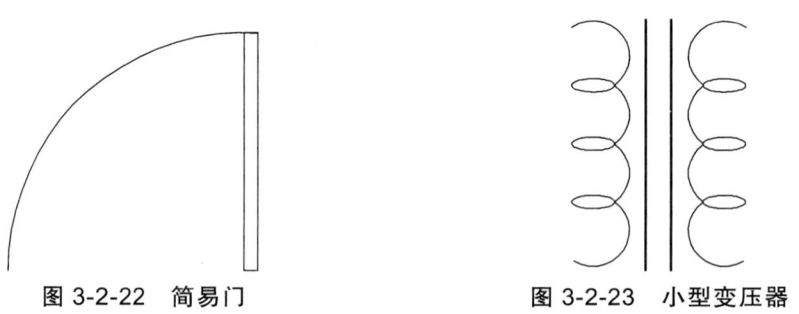

图 3-2-22 简易门　　　　　　图 3-2-23 小型变压器

(三)椭圆和椭圆弧(ellipse)

椭圆是由中心点、长轴和短轴3个参数决定的。

1. 启用命令方法

(1)命令行:ellipse 或 el。
(2)工具栏:"椭圆"按钮。
(3)菜单栏:"绘图"→"椭圆"命令。

2. 操作步骤

(1)绘制如图3-2-24所示的椭圆,了解绘制椭圆的方法。
① 命令:ellipse
② 指定椭圆的轴端点或[圆弧(A)/中心点(C)]:(拾取点 A)

③ 指定轴的另一个端点：（拾取点 B）
④ 指定另一条半轴长度或[旋转（R）]：（拾取点 C）

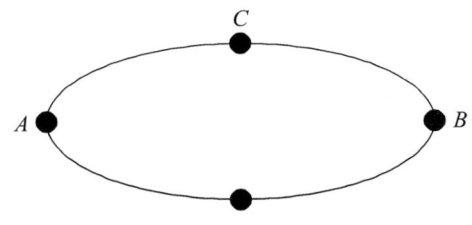

图 3-2-24　绘制椭圆

（2）绘制如图 3-2-25 所示的椭圆弧，了解绘制椭圆弧的方法。
① 命令：ellipse
② 指定椭圆的轴端点或[圆弧（A）/中心点（C）]：a
③ 指定椭圆弧的轴端点或[中心点（C）]：（拾取点 A）
④ 指定轴的另一个端点：（拾取点 B）
⑤ 指定另一条半轴长度或[旋转（R）]：（拾取点 C）
⑥ 指定起始角度或[参数（P）]：（拾取点 P_1）
⑦ 指定终止角度或[参数（P）/包含角度（I）]：（拾取点 P_2）

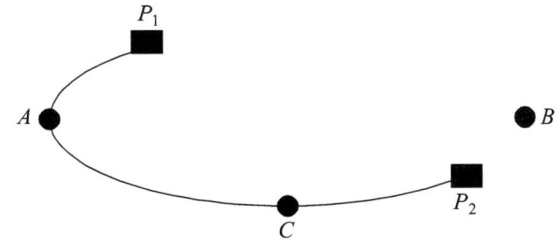

图 3-2-25　绘制椭圆弧

拓展练习：椭圆的绘制，如图 3-2-26 所示。椭圆弧的应用，如图 3-2-27 所示。

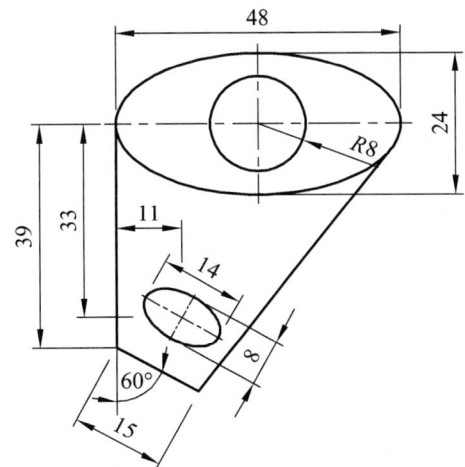

图 3-2-26　椭圆的绘制

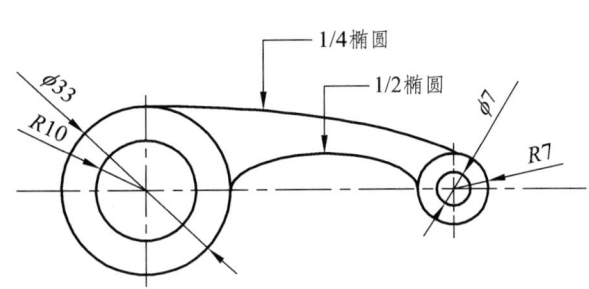

图 3-2-27　椭圆弧的应用

三、矩形和多边形的绘制

（一）矩　形

矩形是常见的基本几何图形。绘制矩形时，一般只需指定矩形对角线的两个端点即可，而且在绘制过程中还可以根据需要直接绘制圆角矩形或倒角矩形。

1. 启用命令方法

（1）命令行：rectang 或 rec。
（2）工具栏："矩形"按钮。
（3）菜单栏："绘图"→"矩形"命令。

2. 操作步骤

下面以倒角矩形的绘制为例，介绍矩形的绘制过程。
① 命令：rec
② 指定第一个角点或[倒角（C）/标高（E）/圆角（F）/厚度（T）/宽度（W）/]：c
③ 指定矩形的第一个倒角距离：10
④ 指定矩形的第二个倒角距离：10
⑤ 指定第一个角点或[倒角（C）/标高（E）/圆角（F）/厚度（T）/宽度（W）/]：单击屏幕指定矩形的起点
⑥ 指定第一个角点或[倒角（C）/标高（E）/圆角（F）/厚度（T）/宽度（W）/]：@100，60   //通过相对坐标输入矩形对角线上的另一点

绘制结果如图 3-2-28 所示。

图 3-2-28　倒角矩形

拓展练习：绘制沙发和茶几，如图 3-2-29 所示。

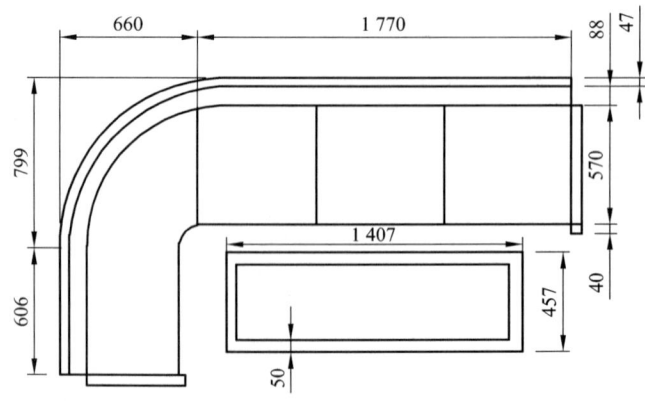

图 3-2-29　沙发和茶几

（二）多边形的绘制

和直线、圆等一样，多边形也是工程图中常见的几何对象。在 AutoCAD 中，正多边形是具有 3~1 024 条等边长的封闭二维图形。

1. 启用命令方法

（1）命令行：polygon。
（2）工具栏："多边形"按钮。
（3）菜单栏："绘图"→"多边形"命令。

2. 操作步骤

使用"polygon"命令可以创建等边闭合多段线，用于指定多边形的各种参数，包含边数。绘制图 3-2-30，分析内接和外切选项间的差别。

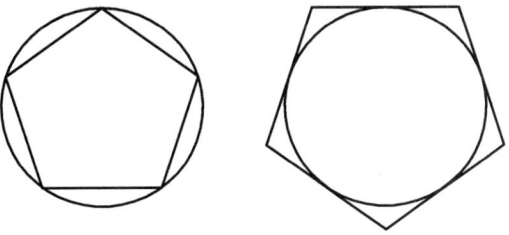

图 3-2-30　内接正多边形和外切正多边形

① 命令：C　　//先画一个半径 20 的圆
② 命令：polygon
③ polygon 输入边的数目<4>：5　　　　　　//输入多边形的边数 5
④ 指定正多边形的中心点或[边（E）]：　　//通过跟踪指定多边形中心点为圆的圆心
⑤ 输入选项[内接于圆（I）/外切于圆（C）]<I>：//选择多边形与圆的关系，系统默认为内接于圆
⑥ 指定圆的半径：　　　　　　　　　　　//通过跟踪圆上的象限点指定圆半径

四、点的绘制

点对象作为节点或参照的几何图形，对对象捕捉和相对偏移非常有用。软件中提供了多种绘制点的方法，包括单点、多点、定数等分点和定距等分点。

（一）设置点样式

在绘制点之前通常需要设置点样式，以便更清晰地定位。启动设置点样式的命令有以下几种。

（1）菜单栏："格式"→"点样式"命令。

（2）命令行：ddptype。

命令启动后弹出如图 3-2-15 所示的"点样式"对话框。

在对话框的图形中选择一种作为点在屏幕上的显示方式，然后输入"点大小"的值。

"相对于屏幕设置大小"单选按钮：用于按屏幕尺寸的百分比设置点的显示大小。当进行缩放时，点的显示大小并不改变。

"按绝对单位设置大小"单选按钮：用于按"点大小"下指定的实际单位设置点显示的大小。当进行缩放时，显示点的大小随之改变。点样式设置完成后即可开始进行点的绘制。

（二）单点和多点

单点就是一次只能在视图中绘制一个点，如果要重复绘制点，则需要重复点命令。单点绘制没有工具按钮，要绘制单点，可使用以下几种方法。

（1）命令行 point。

（2）菜单栏："绘图"→"点"→"单点"命令。

启动单点命令后，在屏幕上指定位置单击即可按已设定的点样式绘制出一点。

启动多点命令后，在屏幕上需要点的位置不断单击，直到按 Esc 键结束点命令。

（1）菜单栏："绘图"→"点"→"多点"命令。

（2）工具栏："多点"按钮。

（三）定数等分点

定数等分点是指将测量对象按照用户定义的数量等分为若干份，在每个等分处放置点。被等分的对象可以是直线、圆、圆弧、多段线等。

1. 启用命令方法

（1）命令行：divide。

（2）工具栏："定数等分"按钮。

在做定数等分时，需要先指定要被等分的对象，然后输入对该对象等分的数目，等分点就会按照设置的点样式出现在相应的等分位置上。

2. 操作步骤

下面以等分一条长度为 100 的直线为例介绍定数等分。绘制效果如图 3-2-31 所示。

图 3-2-31　定数等分

① 命令：line
② 指定第一点
③ 指定下一点或[放弃（U）]:
④ 指定下一点或[放弃（U）]: @100,0
⑤ 指定下一点或[放弃（U）]:   //按空格键结束当前命令
⑥ 命令：divide
⑦ 选择要定数等分的对象：   //单击所画直线
⑧ 输入线段数目或[块（B）]: 5

（四）定距等分点

定距等分是指在测量对象上按一定距离放置点，启动定距等分的命令有以下几种。

1. 启用命令方法

命令行：measure。

工具栏："定距等分"按钮。

2. 操作步骤

下面同样以一条长度为100的直线为例，介绍定距等分。

① 命令行：line
② 指定第一点：
③ 指定下一点或[放弃（U）]:
④ 指定下一点或[放弃（U）]: @100,0
⑤ 指定下一点或[放弃（U）]:   //按空格键结束命令
⑥ 命令：measure
⑦ 选择要定距等分的对象：//单击所画直线
⑧ 指定线段长度或[块（B）]: 5

拓展练习：绘制光缆线路杆路图，如图3-2-32所示。

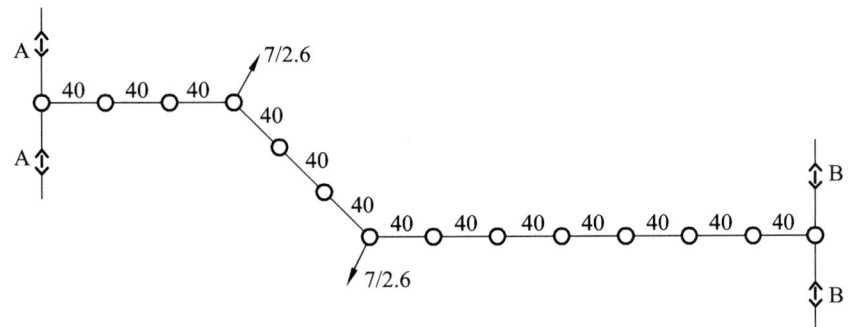

图 3-2-32　光缆线路杆路

五、图案填充和渐变色

(一)图案填充

在某个区域内,重复绘制具有一定规则的图形,以表达该区域的特征,这个过程被称为图案填充。图案填充被广泛应用于表达工程的立面、俯视图等。

1. 启用命令方法

(1) 命令行:bhatch 或 h。
(2) 工具栏:"图案填充"命令。

2. 操作步骤

启动"图案填充"命令时,功能区将暂时显示"图案填充创建"选项卡。在此选项卡上,可以从 70 多个行业标准英制和 ISO 的填充图案以及许多专用选项中进行选择。

如果功能区处于活动状态,将显示"图案填充创建"选项卡。如果功能区处于关闭状态,将显示"图案填充和渐变色"对话框。如果希望使用"图案填充和渐变色"对话框,须将 HPDLGMODE 系统变量设置为 1。

可以从下列多个方法中进行选择,以指定图案填充的边界。

① 指定对象封闭区域中的点。
② 选择封闭区域的对象。
③ 使用 HATCH 绘图选项指定边界点。
④ 将填充图案从工具选项板或设计中心拖动到封闭区域。

在选择对象后,将显示以下提示:

(1) 拾取内部点:根据围绕指定点构成封闭区域的现有对象来确定边界,如图 3-2-33 所示。

图 3-2-33 拾取内部点

(2) 选择对象:根据构成封闭区域的选定对象确定边界,如图 3-2-34 所示。

图 3-2-34 选择对象

(3) 删除边界:仅当从"图案填充和渐变色"对话框中添加图案填充时可用。

删除在当前活动的"HATCH"命令执行期间添加的填充图案。单击要删除的图案即可。

（4）添加边界：仅当从"图案填充和渐变色"对话框中添加图案填充时可用。

（5）退出：退出"删除边界"模式，以便可以再次添加填充图案。

（6）放弃：删除使用当前活动的"HATCH"命令插入的最后一个填充图案。

（7）设置：打开"图案填充和渐变色"对话框，可以在其中更改设置。

最简单的步骤是从功能区选择填充图案和比例，然后在由对象完全封闭的任意区域内单击。需要指定图案填充的比例因子，以控制其大小和间距。

在创建图案填充后，可以在以后移动边界对象以调整图案填充区域，或者可以删除一个或多个边界对象，以创建有部分边界的图案填充，如图3-2-35所示。

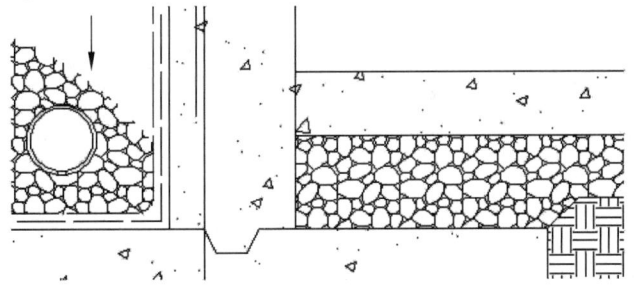

图 3-2-35 有部分边界的图案填充

提示：如果将填充图案设置为实体或渐变填充，还要考虑在"图案填充创建"选项卡上设置透明度级别，以达到有趣的重叠效果。

（二）拓展练习

绘制 700×500 引上手孔结构立面图，如图 3-2-36 所示。

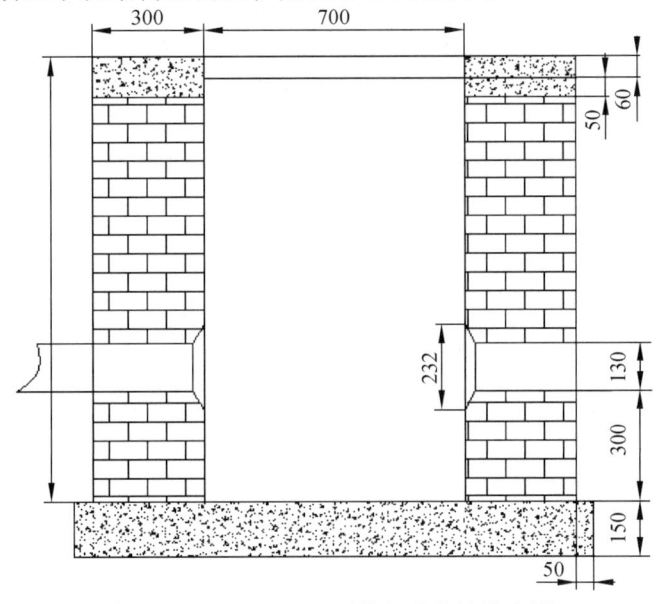

图 3-2-36 700×500 引上手孔结构立面

任务三　常用二维图形的编辑

在 AutoCAD 软件的使用过程中，虽然一直说是画图，但实际上大部分都是在编辑图形。因为编辑图形可以降低绘制图形不准确的概率，并且可以在一定程度上提高效率。

本任务主要介绍二维图形的编辑操作，其中涉及以下知识点。

（1）对象的选取：常用的方法包括"直接点选"和"窗选图形"；不常用的包括"栏选图形"和"组选图形"。

（2）放弃和重做图形。

（3）绘制相同的图形：包括"复制""镜像""阵列""偏移"。

（4）改变图形的位置、大小：包括"移动""旋转""缩放""拉伸""拉长"。

（5）修改图形：包括"修剪""延伸""打断""合并""分解""倒角""圆角"。

（6）夹点编辑。

（7）对象特性编辑：包括"对象特性""对象匹配"。

下面分别对这些知识进行介绍。

一、对象的选取

AutoCAD 提供两种途径编辑图形。

（1）先选择要编辑的对象，然后执行编辑命令。

（2）先执行编辑命令，然后选择要编辑的对象。

这两种途径的执行效果是相同的。但选择对象是进行编辑的前提。AutoCAD 提供了多种对象选择方法，如点取法、用选择窗口选择对象、用选择线选择对象、用对话框选择对象等。AutoCAD 可以把选择的多个对象组成整体，如选择集和对象组，进行整体编辑与修改。

选择集可以仅由一个图形对象构成，也可以是一个复杂的对象组，如位于某一特定层上具有某种特定颜色的一组对象。选择集的构造可以在调用编辑命令之前或之后。

有时，需要选择大量对象时，可以通过单击空白位置（1），向左或向右移动光标，然后再次单击（2）来选择区域中的对象，而不是分别单击每个对象，如图 3-3-1 所示。

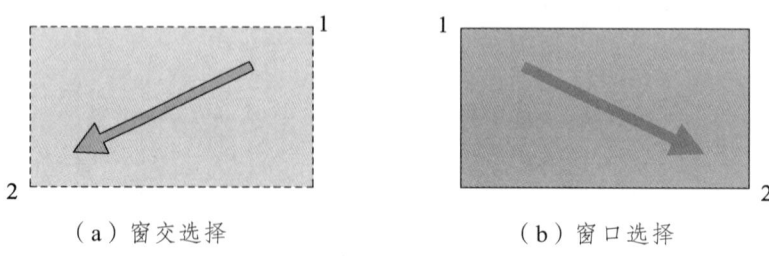

（a）窗交选择　　　　　　　　（b）窗口选择

图 3-3-1　选择大量对象

AutoCAD 提供了以下几种方法构造选择集。

（1）先选择一个编辑命令，然后选择对象，按回车键结束操作。

（2）使用 SELECT 命令。在命令提示行输入 SELECT，然后根据选择选项后出现的提示选择对象，按回车键结束。

（3）用点取设备选择对象，然后调用编辑命令。

（4）定义对象组。

无论使用哪种方法，AutoCAD 都将提示用户选择对象，并且光标的形状由十字光标变为拾取框。此时，可以用下面介绍的方法选择对象。

SELECT 命令可以单独使用，也可以在执行其他编辑命令时被自动调用。此时屏幕提示：选择对象。

等待用户以某种方式选择对象作为回答。AutoCAD 提供多种选择方式，可以输入"？"查看这些选择方式。选择该选项后，出现如下提示：

需要点或窗口（W）/上一个（L）/窗交（C）/框（BOX）/全部（ALL）/栏选（F）/圈围（WP）/圈交（CP）/编组（G）/添加（A）/删除（R）/多个（M）/前一个（P）/放弃（U）/自动（AU）/单个（SI）/子对象/对象选择对象：

部分选项的含义如下。

窗口（W）：用由两个对角顶点确定的矩形窗口选取位于其范围内部的所有图形，与边界相交的对象不会被选中。指定对角顶点时应该按照从左向右的顺序。

窗交（C）：该方式与上述"窗口"的方式类似，区别在于它不但选择矩形窗口内部的对象，也选中与矩形窗口边界相交的对象。

框（BOX）：使用时，系统根据用户在屏幕上给出的两个对角点的位置而自动引用"窗口"或"窗交"选择方式。若从左向右指定对角点，为"窗口"方式；反之为"窗交"方式。

栏选（F）：用户临时绘制一些直线，这些直线不必构成封闭图形，凡是与这些直线相交的对象均被选中。

圈围（WP）：使用一个不规则的多边形来选择对象。根据提示，用户顺次输入构成多边形所有顶点的坐标，直到最后按回车键做出空回答结束操作，系统将自动连接第一个顶点与最后一个顶点形成封闭的多边形。凡是被多边形围住的对象均被选中（不包括边界）。

添加（A）：添加下一个对象到选择集。也可用于从移走模式（Remove）到选择模式的切换。

提示：可以轻松地从选择集中删除对象。例如，如果选择了 42 个对象，其中有两个不应选择，可以按住 Shift 键并选中这两个希望删除的对象。

执行上述命令后，按 Enter 键或空格键，或者单击鼠标右键以结束选择过程。

二、辅助编辑命令

这些最常用的工具位于选项卡上的"修改"面板中，如图 3-3-2 所示。

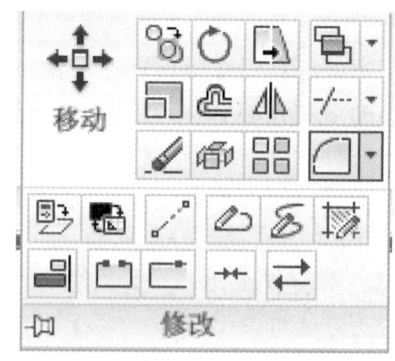

图 3-3-2 "修改"选项卡

（一）删　除

1. 启动命令方式

（1）菜单栏："修改"→"删除"命令。
（2）快捷菜单：选择要删除的对象，在绘图区域点击鼠标右键，从打开的快捷菜单上选择"删除"命令。
（3）工具栏："删除"按钮。
（4）命令行：ERASE。

2. 操作方法

命令：ERASE
选择对象：　　//指定删除对象
选择对象：　　//可以按 Enter 键结束命令，也可以继续指定删除对象

若选择多个对象，多个对象都被删除；若选择的对象属于某个对象组，则该对象组的所有对象均被删除。

提示：可以在输入任意命令之前，先选择多个对象，然后按 Delete 键。有经验的 AutoCAD 用户经常使用此方法。

（二）恢　复

1. 启动命令方式

（1）工具栏："放弃"按钮。
（2）快捷键：Ctrl+Z。
（3）命令行：在命令行中直接输入 undo 命令。
（4）菜单栏："编辑"→"放弃"命令。

2. 操作方法

在命令窗口的提示行上输入 undo 命令，回车。

（三）清　除

该命令和删除命令完全相同。

1. 启动命令方式

（1）菜单栏："修改"→"清除"命令。
（2）快捷键：DEL。

2. 操作方法

用菜单或快捷键输入上述命令后，系统提示：
选择对象：　　//选择要清除的对象，按回车键后执行清除命令

三、绘制相同图形

（一）复　制

复制命令用来对原图作一次或多次复制，并复制到指定位置。

1. 启动命令方式

（1）菜单："修改"→"复制"命令。
（2）工具栏："复制"按钮。
（3）命令行：COPY。
（4）快捷菜单：选择要复制的对象，在绘图区域点击鼠标右键，从打开的快捷菜单上选择"复制选择"。

2. 操作方法

执行"COPY"命令后，系统提示：
选择对象：　　//指定复制对象
选择对象：　　//可以按 Enter 键或空格键结束选择，也可以继续
当前设置：　　复制模式=多个
指定基点或[位移（D）/模式（O）]<位移>：
指定第二个点或<使用第一个点作为位移>：
例如，如果复制了一个圆，现在想要以相同的水平距离创建更多副本。

启动"COPY"命令，选择第二个圆，如图3-3-3所示。然后，使用"圆心"对象捕捉，单击原始圆（1）的圆心，再单击第二个圆（2）的圆心，以此类推，如图3-3-4所示。

要制作大量副本，请尝试使用 COPY 命令的"阵列"选项。例如，以下是一个深基坑桩的线性排列。从基点指定副本的数量，以及中心到中心的距离，如图3-3-5所示。

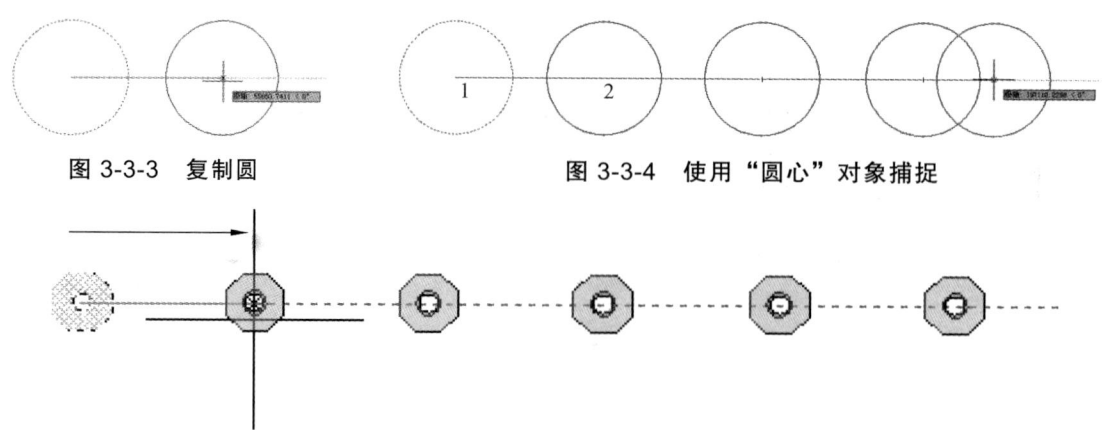

图 3-3-3 复制圆　　　　　　　图 3-3-4 使用"圆心"对象捕捉

图 3-3-5 制作副本

使用"COPY"命令,可以从指定的选择集和基点创建多个副本。这些选项包括:
① 在指定位置或位移创建副本。
② 以线性模式自动间隔指定数量的副本。

(二) 镜　像

镜像是指把选择的对象按给定的镜像线产生指定目标的镜像图形,如图 3-3-6 所示。镜像操作完成后,原图可以保留也可以删除。中间的镜像线在屏幕上并不显示出来。

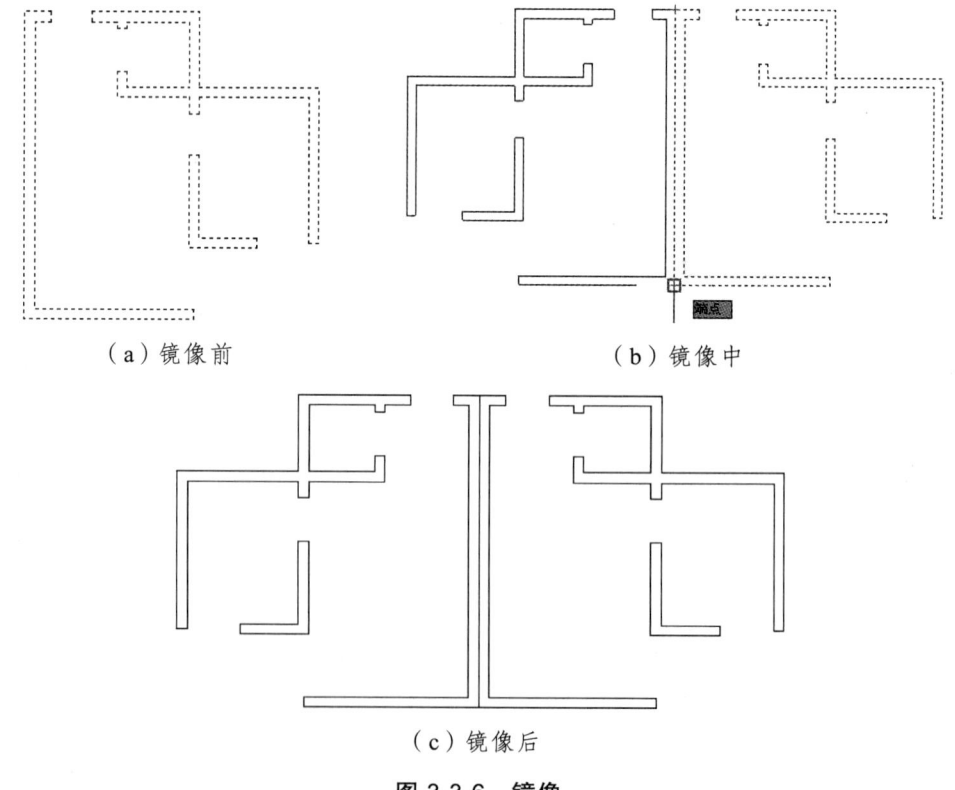

(a) 镜像前　　　　　　　　(b) 镜像中

(c) 镜像后

图 3-3-6 镜像

1. 启动命令方式

（1）菜单栏："修改"→"镜像"命令。
（2）工具栏："镜像"按钮。
（3）命令行：MIRROR。

2. 操作方法

输入命令：MIRROR
选择对象：　　　　　　　　//指定镜像对象
选择对象：　　　　　　　　//可以按 Enter 键或空格键结束选择，也可以继续
指定镜像线的第一点：　　　//通过两点确定镜像线
指定镜像线的第二点：
要删除源对象吗？[是（Y）/否（N）]<N>：N

（三）偏　移

偏移是指保持选择的对象形状，在不同位置以不同的尺寸大小新建一个对象。

大多数模型包含大量的平行直线和曲线。通过选项卡工具或使用 OFFSET 命令可以轻松高效地创建它们（在命令窗口中输入 O）。

（1）启动命令后，选择对象。
（2）指定偏移距离，然后单击以指示想要哪一侧的原始对象的结果。

下面是偏移多段线的示例，如图 3-3-7 所示。

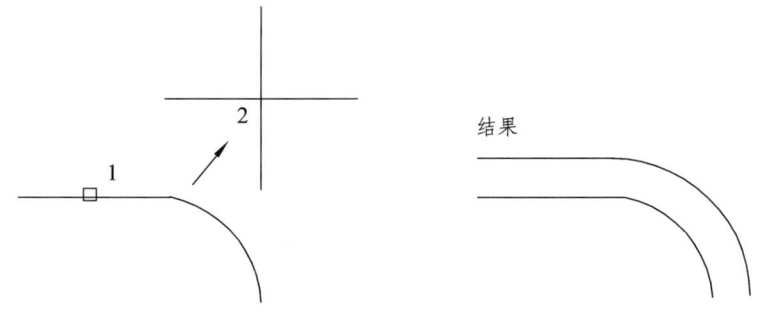

图 3-3-7　偏移

提示：快速创建同心圆的方法是偏移圆。

在实际应用中，常利用"偏移"命令创建平行线或等距离分布图形，效果与"阵列"相似。默认情况下，需要指定偏移距离，再选择要偏移复制的对象，然后指定偏移方向，以复制出图像。

（四）阵　列

阵列是指多重复制选择的对象并把这些副本按矩形、路径或环形排列。

把副本按矩形排列称为建立矩形阵列；把副本按路径排列称为建立路径阵列；把副本按环形排列称为建立环形阵列。建立环形阵列时，应控制复制对象的次数和对象是否被旋转；建立矩形阵列时，应控制行和列的数量以及对象副本之间的距离。

1．启动命令方式

（1）菜单栏："修改"→"阵列"命令。
（2）工具栏："阵列"按钮。
（3）命令行：ARRAY。

2．操作方法

（1）矩形阵列。

绘制矩形阵列，可以控制行和列的数目以及它们之间的距离。矩形阵列实例如图 3-3-8 所示。

对话框中各选项含义如下：

行数：指定阵列中的行数。如果只指定了一行，则须指定多列。

列数：指定阵列中的列数。如果只指定了一列，则须指定多行。

行偏移：指定行间距（输入具体数值）。若向下添加行，要指定负值。

列偏移：指定列间距（输入具体数值）。若向左边添加列，要指定负值。

阵列角度：指定旋转角度（输入具体角度值）。通常角度为 0°，因此行和列与当前 UCS 的 X 和 Y 图形坐标轴正交。

选择对象：指定用于构造阵列的对象。

预览：显示基于对话框当前设置的阵列预览图像。

（2）路径阵列。

路径阵列是沿路径或部分路径均匀分布选定对象的副本，如图 3-3-9 所示。

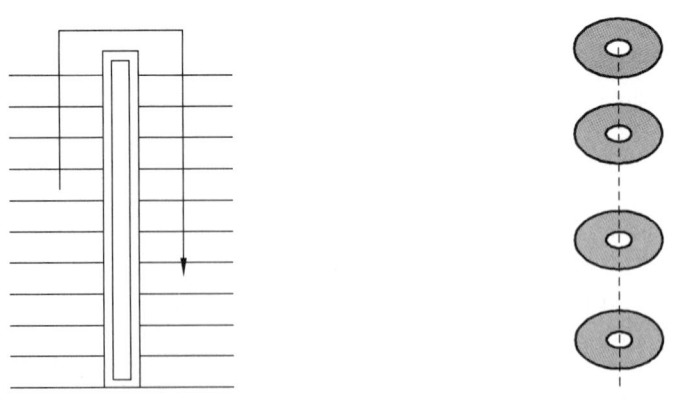

图 3-3-8　矩形阵列实例　　　　图 3-3-9　路径阵列实例

（3）环形阵列。

环形阵列又称极阵列，它是通过围绕圆心复制选定对象来绘制阵列，如图 3-3-10 所示。

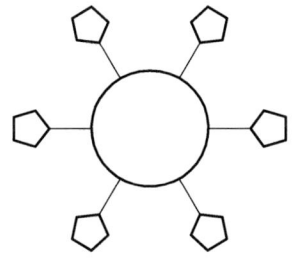

图 3-3-10　环形阵列实例

四、图形的位置、大小

（一）移　动

移动命令主要用于把单个对象或多个对象从当前的位置移至新位置，但是并不改变对象的尺寸和方位。

1．启动命令方式

（1）菜单栏："修改"→"移动"命令。
（2）工具栏："移动"按钮。
（3）命令行：MOVE。
（4）快捷菜单：选择要复制的对象，在绘图区域点击鼠标右键，从打开的快捷菜单选择"移动"命令。

2．操作方法

输入命令：MOVE
选择对象：　　　//指定移动对象
选择对象：　　　//可以按 Enter 键或空格键结束选择，也可以继续
指定基点或[位移（D）]<位移>：
指定第二个点或<使用第一个点作为位移>：
其中，命令选项的意义与复制（COPY）相同。移动编辑功能示例如图 3-3-11 所示。

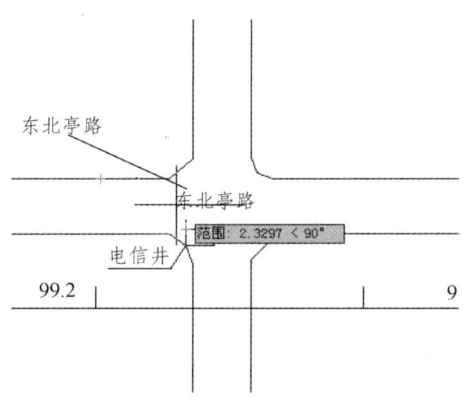

图 3-3-11　移动编辑功能

（二）旋　转

旋转命令是将选定的图形绕指定的基点旋转某一角度。当角度大于零时，按逆时针方向旋转；当角度小于零时，按顺时针方向旋转；当不知道旋转的角度大小时，可用参照方式输入。

1. 启动命令方式

（1）菜单栏："修改"→"旋转"命令。
（2）工具栏："旋转"按钮。
（3）命令行：ROTATE。
（4）快捷菜单：选择要旋转的对象，在绘图区域点击鼠标右键，从打开的快捷菜单选择"旋转"命令。

2. 操作方法

输入命令：ROTATE
UCS 当前的正角方向：ANGDIR=逆时针 ANGBASE=0
选择对象：　　　//指定旋转对象
选择对象：　　　//可以按 Enter 键或空格键结束选择，也可以继续
指定基点：　　　//指定旋转的基点
指定旋转角度，或[复制（C）/参照（R）]<0>：　　　//指定旋转角度或其他选项
上述提示中各个选项含义如下。

（1）UCS 当前的正角方向：ANGDIR=逆时针 ANGBASE=0：说明当前的正角度方向为逆时针，零角度方向为 X 轴正方向。

（2）"旋转角度，或[复制（C）/参照（R）]<0>："中两选项的含义如下。

指定旋转角度：指定对象绕基点旋转的角度。可以用鼠标来确定旋转角度，指定旋转角度为基点和光标的连线与零角度方向（X 轴正方向）之间的夹角。

[参照（R）]：以参照方式旋转对象。系统提示：

指定参照角[0]：　　　//指定要参考的角度值，默认值为 0
指定新角度：　　　//输入旋转后的角度值

操作结束后，对象被旋转到指定的角度。也可以用拖动鼠标的方法旋转对象。对象被旋转后，原位置处的对象消失，如图 3-3-12 所示。

复制（C）：选择该项，旋转对象的同时，保留原对象，如图 3-3-13 所示。

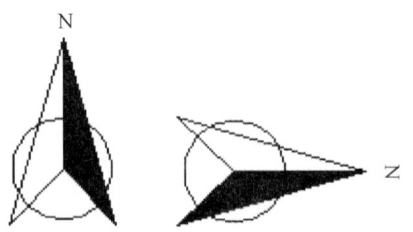

图 3-3-12　拖动鼠标旋转对象

图 3-3-13　复制旋转

（三）缩　放

使用缩放命令可以对选择对象按照需要进行缩小和放大。

1. 启动命令方式

（1）命令行：SCALE。
（2）菜单栏："修改"→"缩放"命令。
（3）快捷菜单：选择要缩放的对象，在绘图区域点击鼠标右键，从打开的快捷菜单上选择"缩放"命令。
（4）工具栏："缩放"按钮。

2. 操作方法

执行 SCALE 命令后回车，系统提示：
选择对象：　　//指定缩放对象
选择对象：　　//可以按 Enter 键或空格键结束选择，也可以继续
指定基点：　　//指定缩放中心点
指定比例因子或[复制（C）/参照（R）]：
上述提示中各个选项含义如下。
（1）指定比例因子：按指定的比例缩放选定对象的尺寸。
（2）参照（R）：按参照长度和指定的新长度比例缩放所选对象。

可以用拖动鼠标的方法缩放对象。选择对象并指定基点后，从基点到当前光标位置会出现一条连线，线段的长度决定比例的大小。移动鼠标选择的对象将随着该连线长度的变化而动态地缩放，回车确认旋转操作。缩放编辑示例如图 3-3-14 所示。

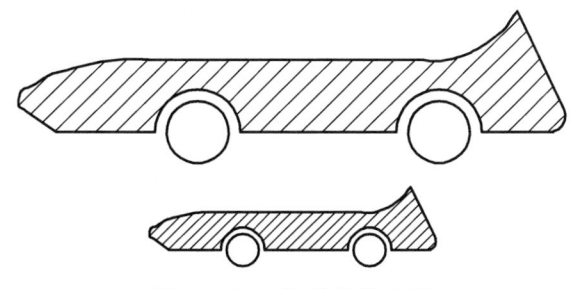

图 3-3-14　缩放编辑功能

五、改变几何特征类命令

（一）修　剪

修剪和延伸是 AutoCAD 中最常用的操作命令之一。

使用修剪命令可以根据修剪边界修剪超出边界的线条，被修剪的对象可以是直线、圆、弧线、多段线、样条曲线和射线等。

1. 启动命令方式

(1)菜单栏:"修改"→"修剪"命令。
(2)工具栏:"修剪"按钮。
(3)命令行:TRIM。

2. 操作方法

输入命令:TRIM
当前设置:投影=UCS,边=无
选择剪切边…
选择对象或<全部选择>:   //指定修剪边界的图形
选择对象: //可以按 Enter 键或空格键结束修剪边界的指定,也可以继续
选择要修剪的对象,或按住 Shift 键选择要延伸的对象,或[栏选(F)/窗交(C)/投影(P)/边(E)/删除(R)/放弃(U)]:
上述提示中各个选项含义如下。

① 当前设置:投影=用户坐标系,边=无
提示选取修剪边界和当前使用的修剪模式。

② "选择要修剪的对象,或按住 Shift 键选择要延伸的对象,或[栏选(F)/窗交(C)/投影(P)/边(E)/删除(R)/放弃(U)]"中各选项的含义如下。

选择要修剪的对象,按住 shift 键选择要延伸的对象:指定要修剪的对象。在选择对象的同时按 Shift 键可将对象延伸到最近的修剪边界,而不修剪它。按 Enter 键结束该命令。

选择"栏选(F)"选项时,系统以栏选的方式选择被修剪对象,如图 3-3-15 所示。

选择"窗交(C)"选项时,系统以窗交的方式选择被修剪对象。如图 3-3-16 所示。被选择的对象可以互为边界和被修剪对象,此时系统会在选择的对象中自动判断边界。

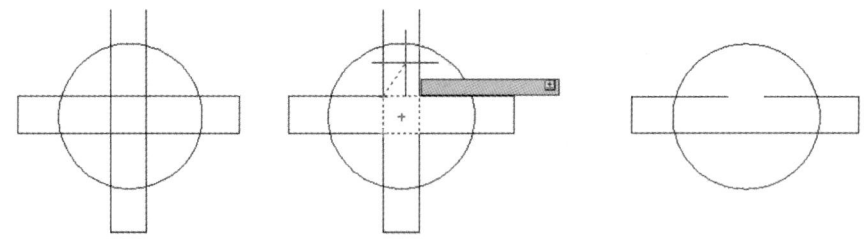

图 3-3-15 栏选修剪对象

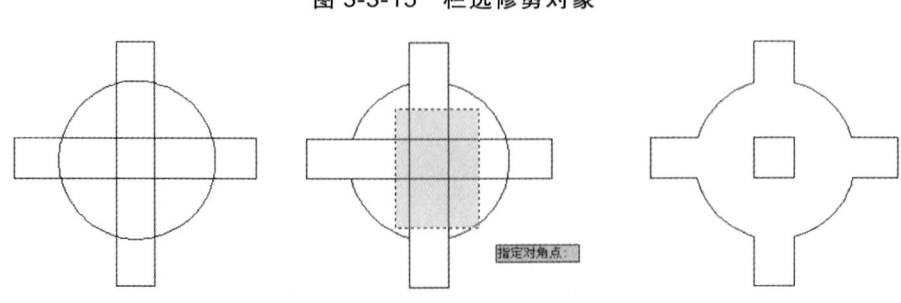

图 3-3-16 窗交选择修剪对象

投影（P）：确定是否使用投影方式修剪对象。
边（E）：确定是在另一对象的隐含边处或与三维空间中一个对象相交的对象的修剪方式。
放弃（U）：取消上一次操作。
提示：修剪时，修剪边界与被修剪的线段必须处于相交状态。

（二）延　伸

延伸命令用于指定延伸的对象，使其达到图中所选定的边界。

1. 启动命令方式

（1）菜单栏："修改"→"延伸"命令。
（2）工具栏："延伸"按钮。
（3）命令行：EXTEND。

2. 操作方法

输入命令：EXTEND
当前设置：投影=用户坐标系，边=无
选择边界的边…
选择对象或<全部选择>：　　//指定延伸边界的图形
选择对象：　//可以按 Enter 键或空格键结束延伸边界的指定，也可以继续
选择要延伸的对象，或按住 Shift 键选择要修剪的对象，或[栏选（F）/窗交（C）/投影（P）/边（E）/放弃（U）]：

在图 3-3-17（a）中，延伸表示此甲板的台阶的直线。启动"延伸"命令，选择边界，然后按 Enter 键或空格键。接着，选择要延伸的对象（靠近要延伸的端点），然后按 Enter 键或空格键以结束命令。结果如图 3-3-17（c）所示，直线已延伸到边界。

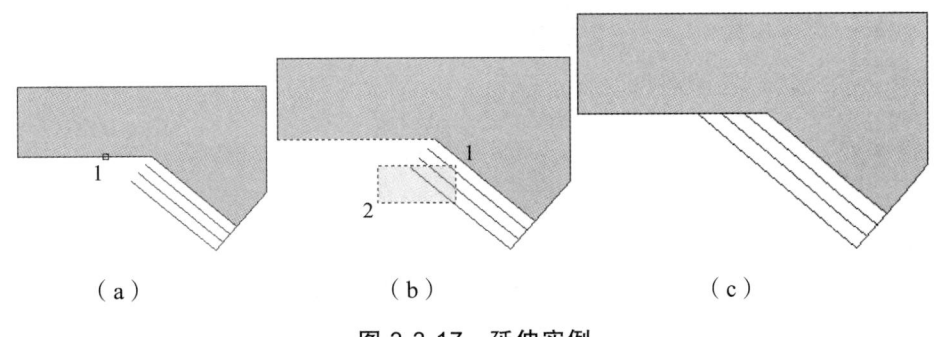

（a）　　　　　　　（b）　　　　　　　（c）

图 3-3-17　延伸实例

（三）拉　伸

拉伸命令可以按指定的方向和角度拉伸或缩短实体，改变对象的形状。

1. 启动命令方式

（1）菜单栏："修改"→"拉伸"命令。
（2）工具栏："拉伸"按钮。
（3）命令行：STRETCH。

2. 操作方法

输入命令：STRETCH
选择对象：　　//以交叉窗口或交叉多边形选择要拉伸的对象
指定基点或[位移（D）]<位移>：　　　　　　　//指定拉伸的基点
指定第二个点或<使用第一个点作为位移>：　　　//指定拉伸的移至点

此时，若指定第二个点，系统将根据这两点决定的矢量拉伸对象。若直接回车，系统会把第一个点作为 X 轴和 Y 轴的分量值。拉伸实例如图 3-3-18 所示。

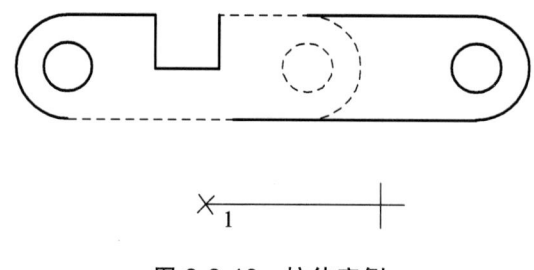

图 3-3-18　拉伸实例

（四）拉　长

拉长命令可以改变被选对象的长度或角度。

1. 启动命令方式

（1）菜单栏："修改"→"拉长"命令。
（2）命令行：LENGTHEN。

2. 操作方法

执行 LENGTHEN 命令后，系统提示：
选择对象或[增量（DE）/百分数（P）/全部（T）/动态（DY）]：　　//选定对象
当前长度：30.5001　//给出选定对象的长度，如果选择圆弧，还将给出圆弧的包含角
选择对象或[增量（DE）/百分数（P）/全部（T）/动态（DY）]：DE　　//选择拉长或缩短的方式，如选择"增量（DE）"方式
输入长度增量或[角度（A）]<0.0000>：10　　//输入长度增量数值。如果选择圆弧段，则可输入选项"A"给定角度增量
选择要修改的对象或[放弃（U）]：　　//选定要修改的对象，进行拉长操作
选择要修改的对象或[放弃（U）]：　　//继续选择，回车结束命令

（五）圆　角

圆角是指用指定的半径决定的一段平滑的圆弧连接两个对象。用户可以为两段直线、圆弧、多段线、构造线、样条曲线及射线加圆角。

1. 启动命令方式

（1）菜单栏："修改"→"圆角"命令。
（2）工具栏："圆角"按钮。
（3）命令行：FILLET。

2. 操作方法

输入命令：FILLET
当前设置：模式=修剪，半径=0.0000
选择第一个对象或[放弃（U）/多段线（P）/半径（R）/修剪（T）/多个（M）]：
上述提示中各选项含义如下。

① 当前设置：模式=修剪，半径=0.0000
为当前圆角设置，是前一次设置的状态的显示，可更改。
② 选择第一个对象：系统把选择的对象作为要进行圆角处理的第一个对象。
多段线（P）：用于在一条二维多段线的两段直线段的交点处插入圆角弧。
半径（R）：设置圆角半径。
修剪（T）：用于在圆滑连接两条边时是否修剪这两条边。
多个（M）：给多个对象集加圆角。
圆角实例如图 3-3-19 所示。

图 3-3-19　圆角实例

（六）打　断

打断命令可以删除对象上两个指定点间的部分，或者将它们从某一点打断为两个对象。如果这些点不在对象上，则会自动投影到该对象上。打断通常用于为块或文字创建空间。

1. 启动命令方式

菜单栏："修改"→"打断"命令。

工具栏:"打断"按钮。

命令行:BREAK。

2. 操作方法

输入命令:BREAK

选择对象:　　//选择要断开的对象

指定第二个打断点或[第一点(F)]:

上述提示中各选项含义如下。

① 选择对象:若用鼠标选择对象,系统会选中该对象并把选择点作为第一个断开点。

② 指定第二个打断点或[第一点(F)]:若输入 F,系统将取消前面的第一个选择点,提示指定两个新的断开点。打断实例如图 3-3-20 所示。

"修改"工具栏中还有一个"打断于点"命令,与"打断"命令类似。有效对象包括直线、开放的多段线和圆弧。不能在一点打断闭合对象(如圆)。

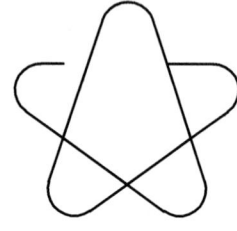

图 3-3-20　打断实例

(七) 分　解

在希望单独修改合成对象的部件时,可合成对象进行分解。可分解的对象包括块、多段线及面域等。

1. 启动命令方式

(1) 菜单栏:"修改"→"分解"命令。

(2) 工具栏:"分解"按钮。

(3) 命令行:EXPLODE。

2. 操作方法

输入命令:EXPLODE

选择对象:

选择一个对象后,该对象会被分解。

(八) 合　并

它将直线、圆、椭圆弧和样条曲线等独立的线段合并为一个对象,如图 3-3-21 所示。产生的对象类型取决于选取定的对象类型、首先选定的对象类型以及对象是否共面。

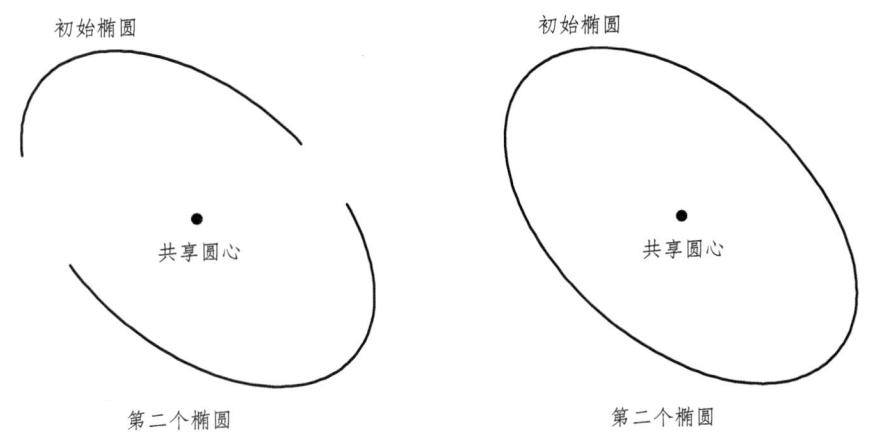

图 3-3-21 合并对象

1. 启动命令方式

（1）菜单栏："修改"→"合并"命令。
（2）工具栏："合并"按钮。
（3）命令行：JOIN。

2. 操作方法

命令：JOIN
选择源对象：   //选择一个对象
选择要合并到源的直线： //选择另一个对象
找到 1 个
选择要合并到源的直线：
已将 1 条直线合并到源

任务四　文本、表格与尺寸标注

在设计制图时，不仅要绘出图形，还要在图形中标注一些文字，如技术要求、注释说明等，对图形对象加以解释。图样上的文字主要有数字、字母和汉字等，AutoCAD 提供了多种写入文字的方法。本任务重点介绍文本的注释和编辑功能。图表在 AutoCAD 图形中也有大量的应用，如明细表、参数表和标题栏等。

一、文本标注

文本是通信工程图形的基本组成部分，在图签、说明、图纸目录等地方都会用到文本。本任务主要学习文本标注的基本方法。

(一)设置文本样式

在 AutoCAD 中创建文字对象时,文字的外观都由与其关联的文字样式所决定。系统默认"Standard"文字样式为当前样式,可以通过下面 3 种方法创建新的文字样式,或修改已有的文字样式以及设置图形中书写文字的当前样式。

1. 启动命令方式

(1)菜单栏:"格式"→"文字样式"命令。
(2)工具栏:"文字样式"按钮。
(3)命令行:STYLE 或 DDSTYLE。

2. 操作方法

执行上述命令,AutoCAD 打开"文字样式"对话框,如图 3-4-1 所示。通过该对话框可以建立新的文字样式或对当前文字样式的参数进行修改。

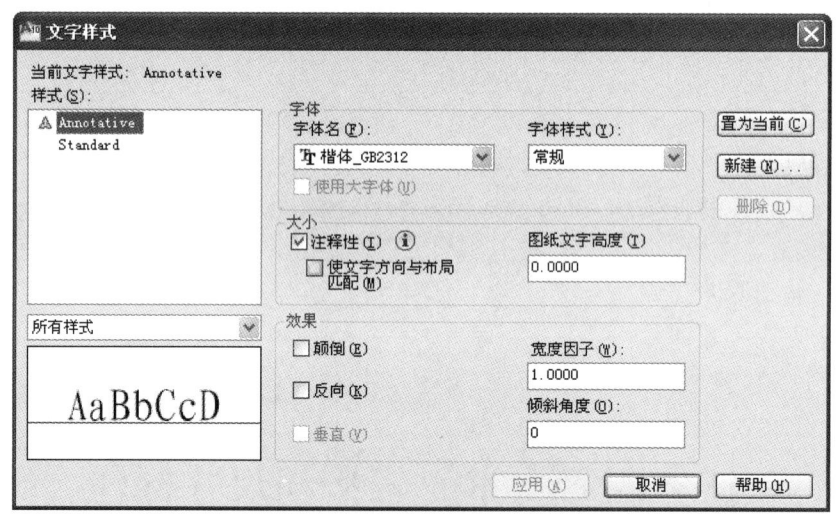

图 3-4-1 "文字样式"对话框

建立新文字样式步骤如下:

(1)在"文字样式"对话框中单击"新建"按钮,打开"新建文字样式"对话框,如图 3-4-2 所示。

(2)在对话框的"样式名"文本框中输入新文字样式的名称后,单击"确定"按钮返回"文字样式"对话框。

(3)在"字体"选项组中的"字体名"处选取新字体。通信工程制图中,在字体名下拉列表项中选择"仿宋-GB2312"。

图 3-4-2 "新建文件样式"对话框

(4)在"大小"选项组中,选中相应的复选框,可以指定文字为注释文字;也可以将指定图纸空间视口中的文字方向与布局方向匹配;还可以设置文字高度。

(5)在"效果"选项组中,选中相应的复选框,可以设置文字样式的特殊效果。如"颠倒""反向"和"垂直"等;在"宽度因子"和"倾斜角度"文本框中指定文字宽度的比例和倾斜的角度。

(二)单行文字输入

使用单行文字输入命令,其每行文字都是独立的对象,可以单独进行定位、调整格式等编辑工作。

1. 启动命令方式

(1)菜单栏:"绘图"→"文字"→"单行文字"命令。
(2)工具栏:"单行文字"按钮。
(3)命令行:TEXT 或 DTEXT。

2. 操作方法

选择相应的菜单项,或单击相应的工具按钮,或输入 TEXT 命令后回车,AutoCAD 提示如下命令:

当前文字样式: "Standard" 当前文字高度:1.0000 注释性:否
指定文字的起点或[对正(J)/样式(S)]:
在此提示下直接在作图屏幕上点取一点作为文本的起始点,AutoCAD 提示如下命令。
指定高度<1.0000>: //确定字符的高度
指定文字的旋转角度<0>: //确定文本行的倾斜角度
输入文字: //输入文本
输入文字: //输入文本或回车

在上面的提示下键入 J,用来确定文本的对齐方式,对齐方式决定文本的哪一部分与所选的插入点对齐。执行此选项,AutoCAD 提示如下命令:

输入选项[对齐(A)/调整(F)/中心(C)/中间(M)/右(R)/左上(TL)/中上(TC)/右上(TR)/左中(ML)/正中(MC)/右中(MR)/左下(BL)/中下(BC)/右下(BR)]:

在此提示下选择一个选项作为文本的对齐方式。

用 TEXT 命令创建文本时,在命令行输入的文字同时显示在屏幕上,而且在创建过程中可以随时改变文本的位置。只要将光标移到新的位置单击鼠标左键,则当前行结束,随后输入的文本出现在新的位置上。

（三）多行文字输入

使用多行文字命令也可以在绘图区创建标注文字。它与单行文字的区别在于所标注的多行段落文字是一个整体，可以进行统一编辑，因此，多行文字命令较单行文字命令更方便、灵活，它具有一般文字编辑软件的各种功能。

1. 启动命令方式

（1）命令行：MTEXT。
（2）菜单栏："绘图"→"文字"→"多行文字"命令。
（3）工具栏："多行文字"按钮。

2. 操作方法

输入命令 MTEXT 后回车，AutoCAD 提示如下命令：

当前文字样式："Standard"　　当前文字高度：1.9122　　注释性：否
指定第一角点：　　//指定矩形框的第一个角点
指定对角点或[高度（H）/对正（J）/行距（L）/旋转@/样式（S）/宽度（W）/栏（C）]：

指定对角点后，系统打开多行文字编辑器，如图 3-4-3 所示，可利用此对话框与编辑器输入多行文本并对其格式进行设置。

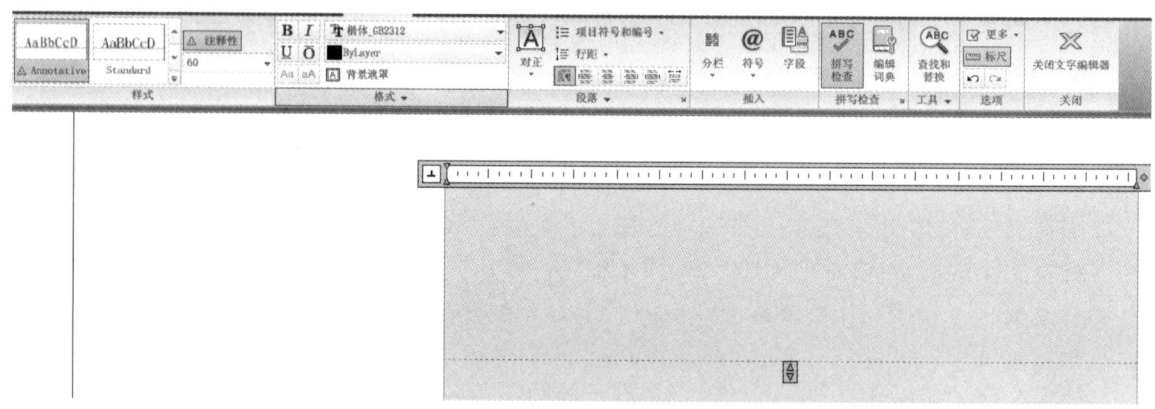

图 3-4-3　多行文字编辑器

在多行文字绘制区域，单击鼠标右键，系统打开右键快捷菜单，如图 3-4-4 所示。该快捷菜单提供标准编辑选项和多行文字特有的选项。在多行文字编辑器中单击鼠标右键以显示快捷菜单。菜单项的选项是基本编辑选项：放弃、重做、剪切、复制和粘贴。后面的选项是多行文字编辑器特有的选项。

（1）分栏：可以将多行文字对象的格式设置为多栏。可以指定栏和栏间距的宽度、高度及栏数，也可以使用夹点编辑栏宽和栏高，还可以使用分栏设置进行设置，如图 3-4-5 所示。

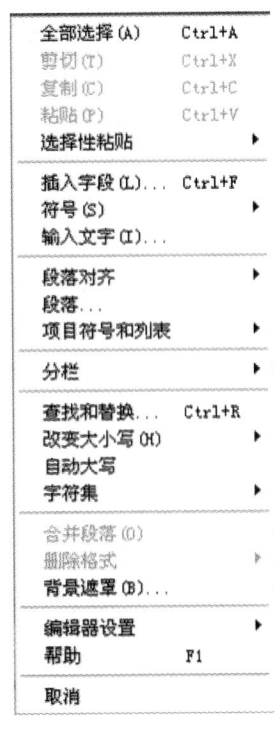

图 3-4-4 右键快捷菜单

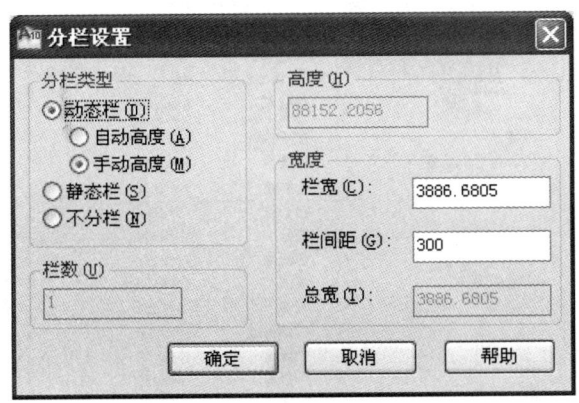

图 3-4-5 "分栏设置"对话框

（2）对正：设置多行文字对象的对正和对齐方式。"左上"选项是默认设置。在一行的末尾输入的空格也是文字的一部分，并会影响该行文字的对正。文字根据其左右边界进行置中对正、左对正或右对正。文字根据其上下边界进行中央对齐、顶对齐或底对齐。各种对齐方式与前面所述类似，此处不再赘述。

（3）查找和替换：其对话框如图 3-4-6 所示。在该对话框中可以进行替换操作，操作方式与 Word 编辑器中替换操作类似，此处不再赘述。

（4）全部选择：选择多行文字对象中的所有文字。

（5）改变大小写：改变选定文字的大小写。可以选择"大写"或"小写"。

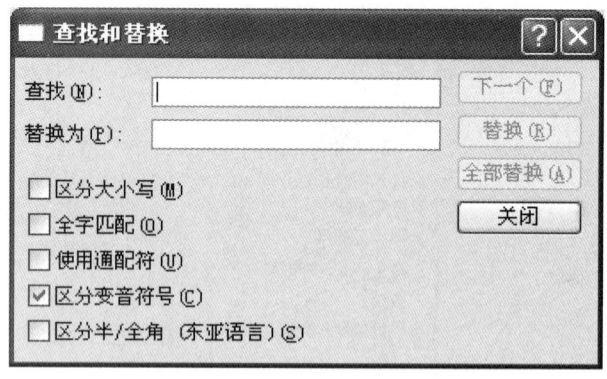

图 3-4-6 "查找和替换"对话框

(6)自动大写:将所有新输入的文字转换成大写。自动大写不影响已有的文字。要改变已有文字的大小写,请选择文字,单击鼠标右键,然后在快捷菜单上单击"改变大小写"。

(7)删除格式:清除选定文字的粗体、斜体或下划线格式。

(8)合并段落:将选定的段落合并为一段并用空格替换每段的回车。

(9)堆叠/非堆叠:如果选定的文字中包含堆叠字符,则堆叠文字;如果选择的是堆叠文字,则取消堆叠。该选项只有在文本中有堆叠文字或待堆叠文字时才显示。

(10)符号:在光标位置插入列出的符号或不间断空格,也可以手动插入符号。常用的符号如图 3-4-7 所示。

图 3-4-7 常用符号

(11)输入文字:显示"选择文件"对话框。选择任意 ASCII 或 RTF 格式的文件。输入的文字保留原始字符格式和样式特性,但可以在多行文字编辑器中编辑和格式化输入的文字。选择要输入的文本文件后,可以替换选定的文字或全部文字,或在文字边界内将插入的文字附加到选定的文字中。输入文字的文件必须小于 32 KB。

（12）插入字段：插入一些常用或预设字段。单击该命令，系统打开"字段"对话框，如图 3-4-8 所示。用户可以从中选择字段插入到标注文本中。

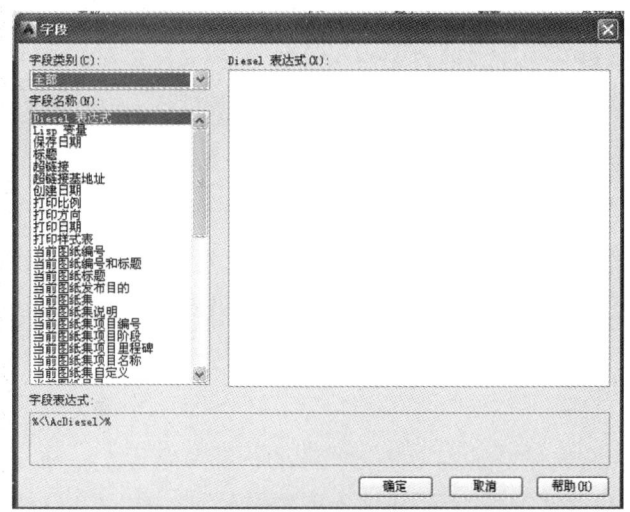

图 3-4-8 "字段"对话框

（13）背景遮罩：用设定的背景对标注的文字进行遮罩。单击该命令，系统打开"字段"对话框，如图 3-4-9 所示。

图 3-4-9 "背景遮罩"对话框

（14）字符集：可以从后面的子菜单打开某个字符集，插入字符。

（四）文本编辑

在绘图过程中，如果输入的文本不符合绘图要求，则需要在原有基础上进行修改。AutoCAD 提供的文本编辑功能可以编辑修改文本的内容。

1. 启动命令方式

（1）菜单栏："修改"→"对象"→"文字"→"编辑"命令。
（2）工具栏："编辑"按钮。
（3）命令行：DDEDIT。

2. 操作方法

输入命令 DDEDIT 后回车，AutoCAD 提示"选择注释对象或[放弃 U]："。这时要求选择想要修改的文本，同时光标变为拾取框。用拾取框点击对象，如果选取的文本是用 TEXT 命令创建的单行文本，可对其直接进行修改；如果选取的文本是用 MTEXT 命令创建的多行文本，选取后则打开多行文字编辑器，可根据前面的介绍对各项设置或内容进行修改。

二、制作表格

AutoCAD 提供了制作"表格"的功能，有了该功能，创建表格就变得非常容易，用户可以直接插入设置好样式的表格，而不用绘制由单独的图线组成的栅格。

（一）设置表格样式

表格样式是用来控制表格的基本形状和间距的，和文字样式一样，所有 AutoCAD 图形中的表格都有和其相对应的表格样式。当插入表格对象时，AutoCAD 使用当前设置的表格样式。模板文件 ACAD.DWT 和 ACADISO.DWT 中定义了名为 STANDARD 的默认表格样式。

1. 启动命令方式

（1）菜单栏："格式"→"表格样式"命令。
（2）工具栏："表格样式"按钮。
（3）命令行：TABLESTYLE。

2. 操作方法

执行上述命令，系统打开"表格样式"对话框，如图 3-4-10 所示。

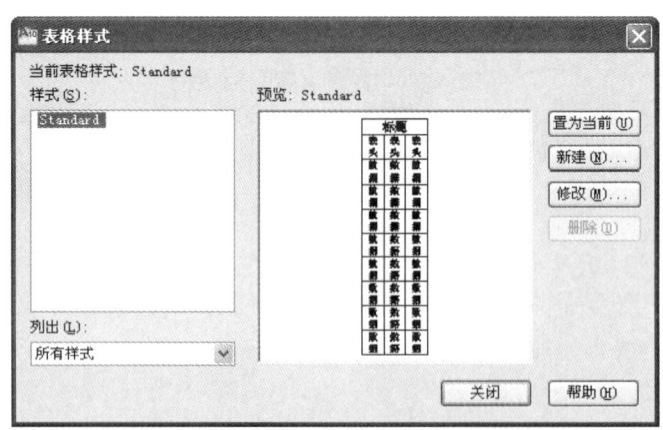

图 3-4-10 "表格样式"对话框

单击"新建"按钮，系统打开"新建表格样式"对话框，如图 3-4-11 所示。输入新的表格样式名后,单击"继续"按钮,系统打开"新建表格样式"对话框,如图 3-4-12 所示。从中可以定义新的表样式。

"新建表格样式"对话框中有"常规""文字"和"边框"3 个选项卡,分别控制表格中数据、表头和标题的有关参数。

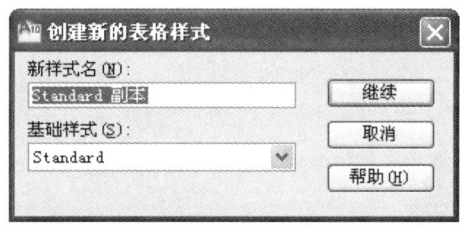

图 3-4-11 "创建新的表格样式"对话框

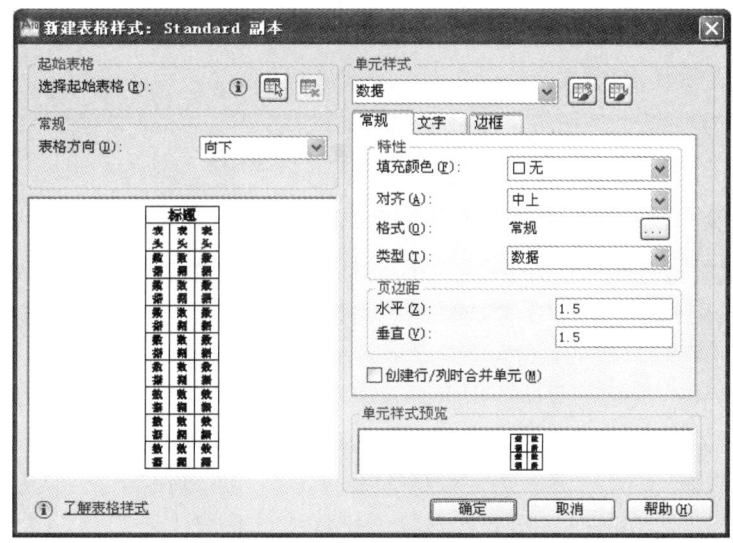

图 3-4-12 "新建表格样式"对话框

(二)创建表格

在设置好表格样式后,就可以开始创建表格了。

1. 启动命令方式

(1)菜单栏:"绘图"→"表格"命令。
(2)工具栏:"表格"按钮。
(3)命令行:TABLE。

2. 操作方法

执行上述命令,系统打开"插入表格"对话框,如图 3-4-13 所示。

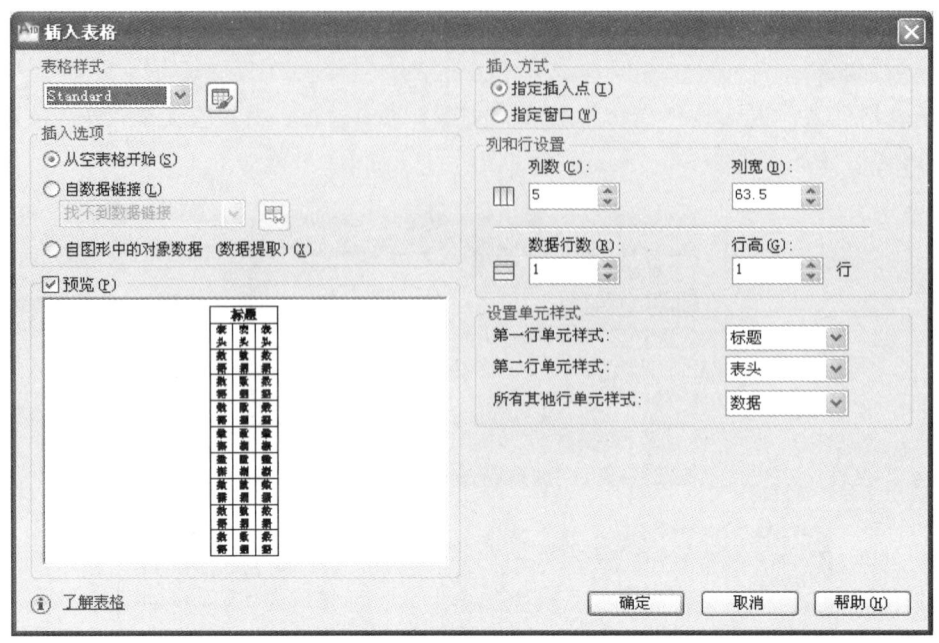

图 3-4-13 "插入表格"对话框

3. 选项说明

在"表格样式"选项组中,可以在"表格样式"下拉列表框中选择一种表格样式,也可以单击后面的"表格样式"按钮新建或修改表格样式。

在"插入方式"选项组中,有两个单选项:

(1)"指定插入点"单选按钮:指定表左上角的位置,可以使用定点设备,也可以在命令行输入坐标值。如果表样式将表的方向设置为由下而上读取,则插入点位于表的左下角。

(2)"指定窗口"单选按钮:指定表的大小和位置,可以使用定点设备,也可以在命令行输入坐标值。选定此选项时,行数、列数、列宽和行高取决于窗口的大小以及列和行的设置。

"列和行设置"选项组用来指定列和行的数目以及列宽与行高。

在上面的"插入表格"对话框中进行相应设置后,单击"确定"按钮,系统在指定的插入点或窗口自动插入一个空表格,并显示多行文字编辑器,用户可以逐行逐列输入相应的文字或数据,如图 3-4-14 所示。

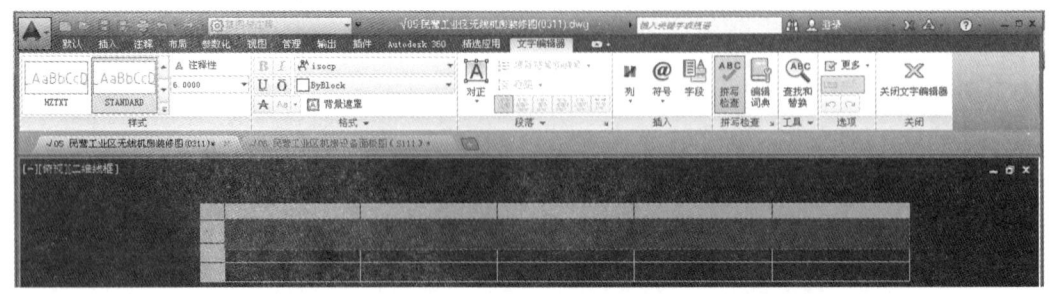

图 3-4-14 空表格和多行文字编辑器

(三）编辑表格文字

使用该命令可以对表格中的文字内容进行编辑修改。

1. 启动命令方式

（1）命令行：TABLEDIT。
（2）定点设备：表格内双击。
（3）快捷菜单：编辑单元文字。

2. 操作方法

执行上述命令，系统打开多行文字编辑器，如图 3-4-14 所示，用户可以对指定表格单元的文字进行编辑。

三、尺寸标注

在设计绘图过程中，尺寸标注是一项非常重要的内容。由于图形只能表达设计对象的形状，设计对象各组成部分之间的相对位置和大小必须通过尺寸标注来表达。尺寸标注是实际施工的重要依据。

（一）设置尺寸标注样式

在进行尺寸标注之前，要建立尺寸标注的样式，如果不建立尺寸样式而直接进行标注的话，则系统将默认为 STANDARD 的样式。

1. 启动命令方式

菜单栏："格式"→"标注样式"或"标注"→"样式"命令。
工具栏："标注样式"按钮。
命令行：DIMSTYLE。

2. 操作方法

执行上述命令，系统打开"标注样式管理器"对话框，如图 3-4-15 所示。利用此对话框可方便直观地定制和浏览尺寸标注样式，包括产生新的标注样式、修改已存在的样式、设置当前尺寸标注样式、样式重命名以及删除一个已有样式等。

点取"置为当前"按钮，可以把在"样式"列表框中选中的样式设置为当前样式。

"新建"按钮用于定义一个新的尺寸标注样式。单击此按钮，AutoCAD 打开"创建新标注样式"对话框，如图 3-4-16 所示，利用此对话框可创建一个新的尺寸标注样式。单击"继续"按钮，系统打开"新建标注样式"对话框，如图 3-4-17 所示，利用此对话框可对新样式的各项特性进行设置。

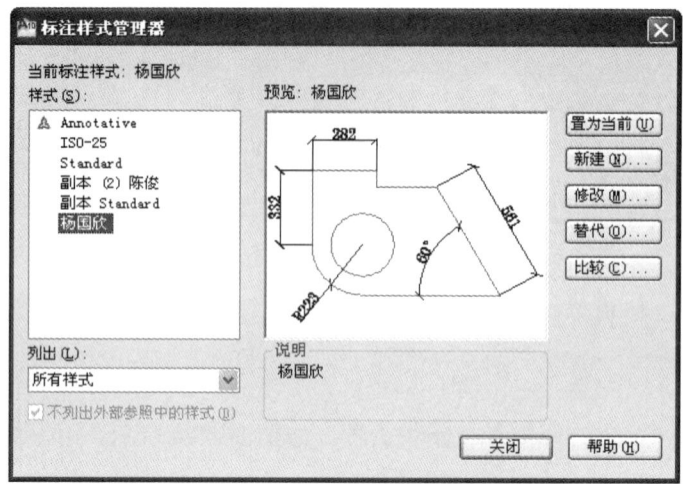

图 3-4-15 "标注样式管理器"对话框

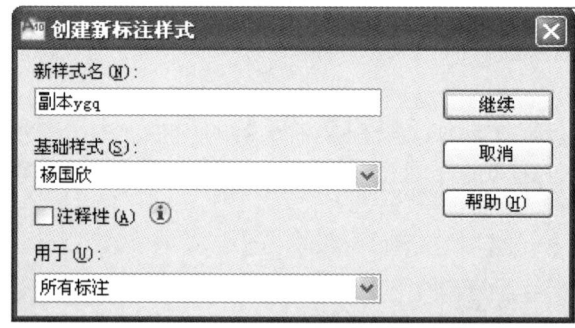

图 3-4-16 "创建新标注样式"对话框

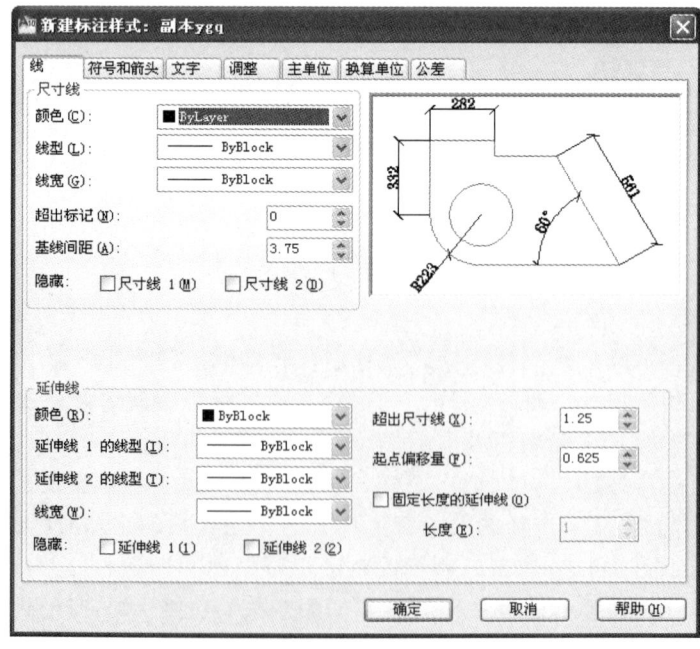

图 3-4-17 "新建标注样式"对话框

"修改"按钮可以对已有标注样式进行修改。其对话框与"新建标注样式"对话框相似，如图 3-4-18 所示。

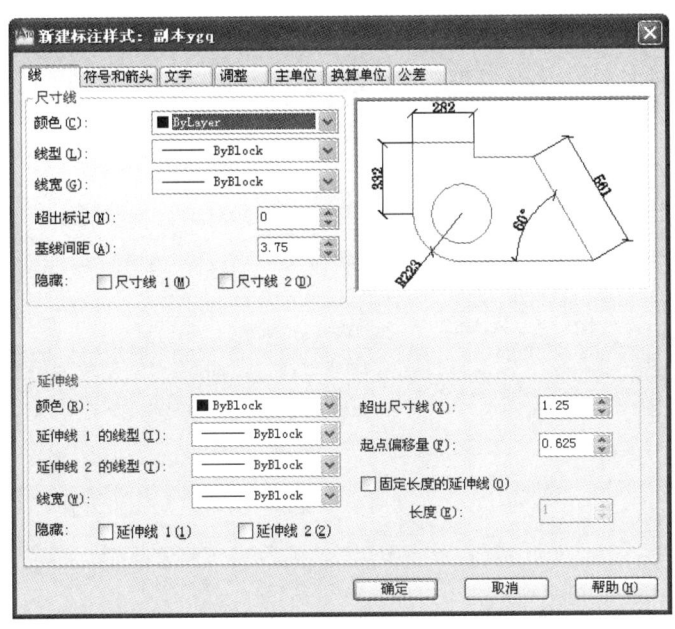

图 3-4-18 "修改标注样式"对话框

"替代"按钮可以设置临时覆盖尺寸标注样式。用户可改变选项的设置覆盖原来的设置，但这种修改只对指定的尺寸标注起作用，而不影响当前尺寸变量的设置。其对话框与"新建标注样式"对话框相似，如图 3-4-19 所示。

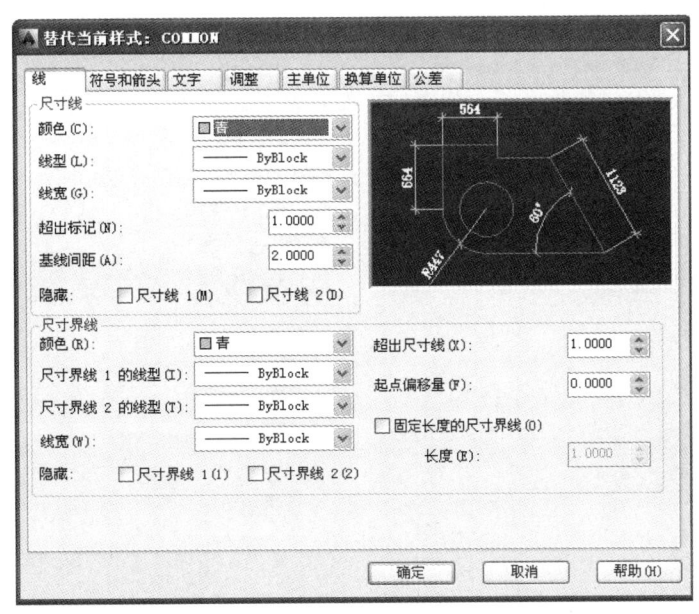

图 3-4-19 "替代当前样式"对话框

"比较"按钮用来比较两个尺寸标注样式在参数上的区别或浏览一个尺寸标注样式的参数设置,如图 3-4-20 所示。可以把比较结果复制到剪切板上,然后再粘贴到其他的 Windows 应用软件上。

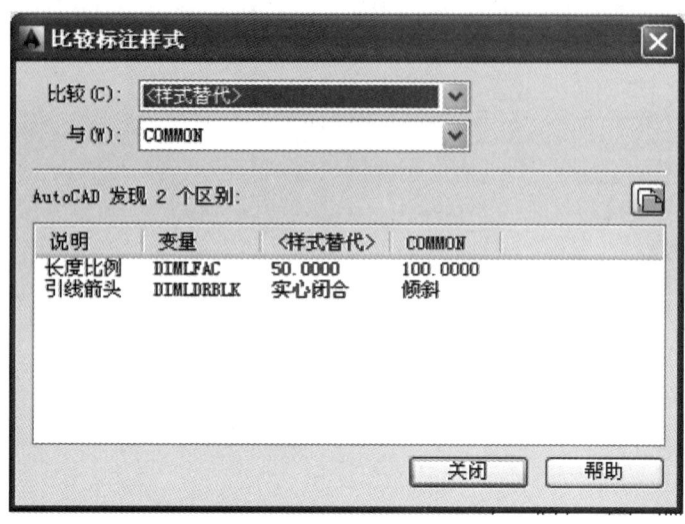

图 3-4-20 "比较标注样式"对话框

在图 3-4-17 所示的"新建标注样式"对话框中,有 7 个选项卡,分别说明如下:

(1)线。该选项卡对尺寸的尺寸线和尺寸界线的各个参数进行设置,包括尺寸线的颜色、线型、线宽、超出标记、基线间距、隐藏等参数,以及尺寸界线的颜色、线宽、超出尺寸线、起点偏移量、隐藏等参数。

(2)符号和箭头。该选项卡对箭头、圆心标记、弧长符号和半径标注折弯的各个参数进行设置,如图 3-4-21 所示。

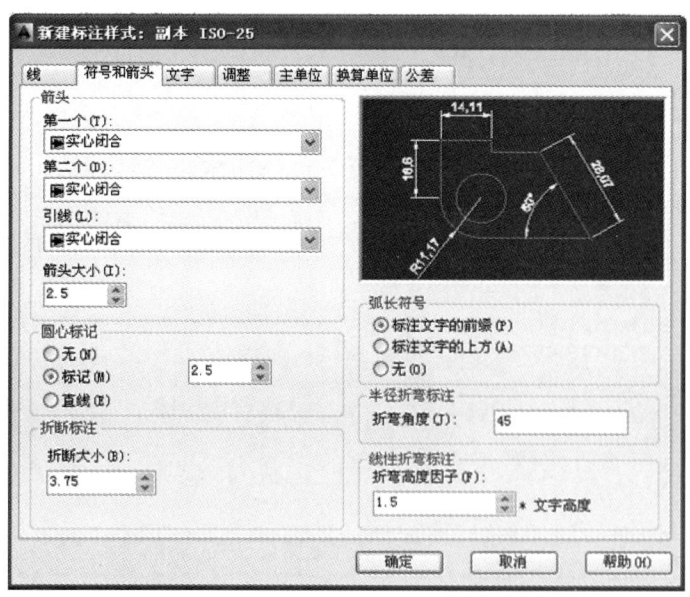

图 3-4-21 "符号和箭头"选项卡

（3）文字。该选项卡对文字的外观、位置、对齐方式等各个参数进行设置，如图 3-4-22 所示，包括文字外观的文字样式、颜色、填充颜色、文字高度、分数高度比例、是否绘制文字边框等参数，以及文字位置的垂直、水平和从尺寸线偏移量等参数。对齐方式有水平、与尺寸线对齐、ISO 标准 3 种方式。图 3-4-23 为尺寸在垂直方向放置的 4 种不同情形，图 3-4-24 为尺寸在水平方向放置的 5 种不同情形。

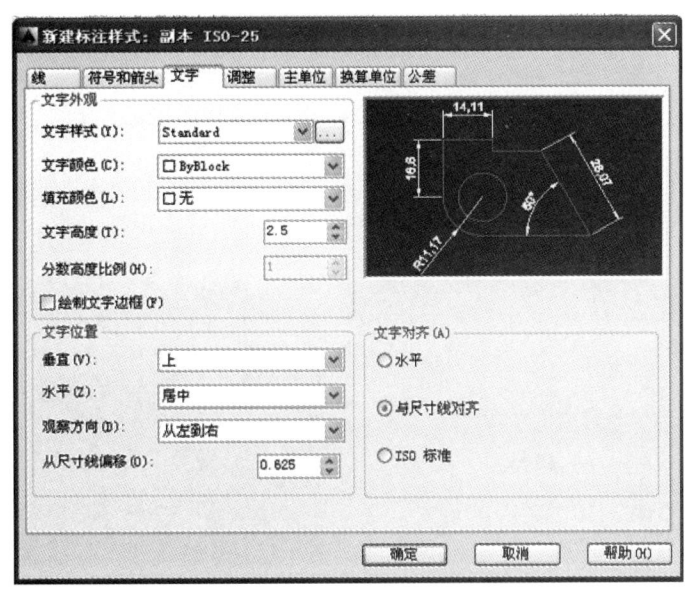

图 3-4-22 "文字"选项卡

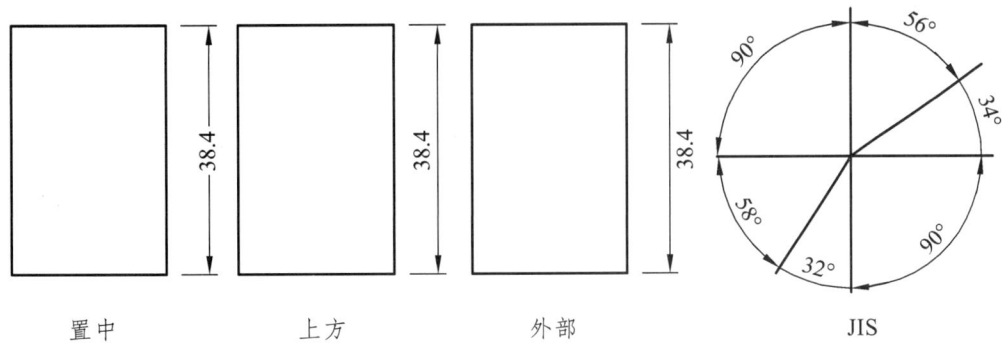

图 3-4-23 尺寸文本在垂直方向的放置

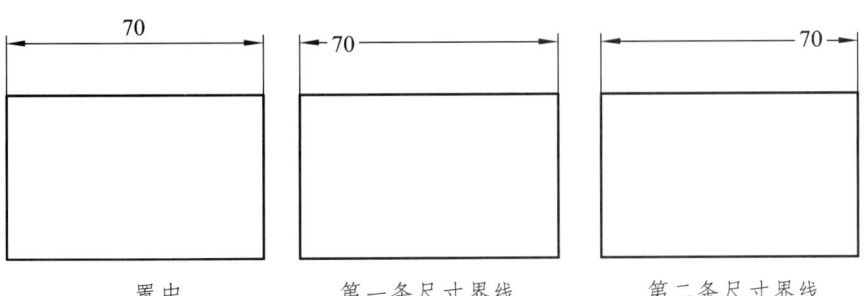

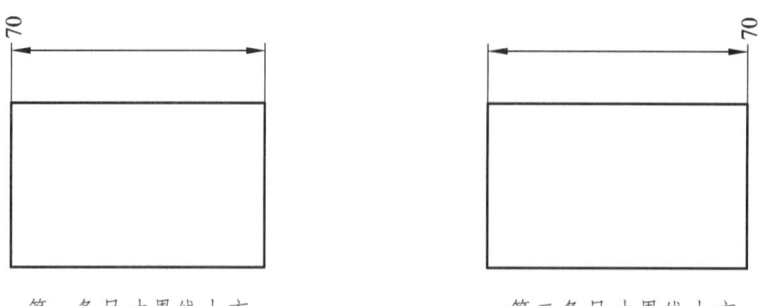

图 3-4-24 尺寸文本在水平方向的放置

（4）调整。该选项卡对调整选项、文字位置、标注特征比例、调整等各个参数进行设置，如图 3-4-25 所示。

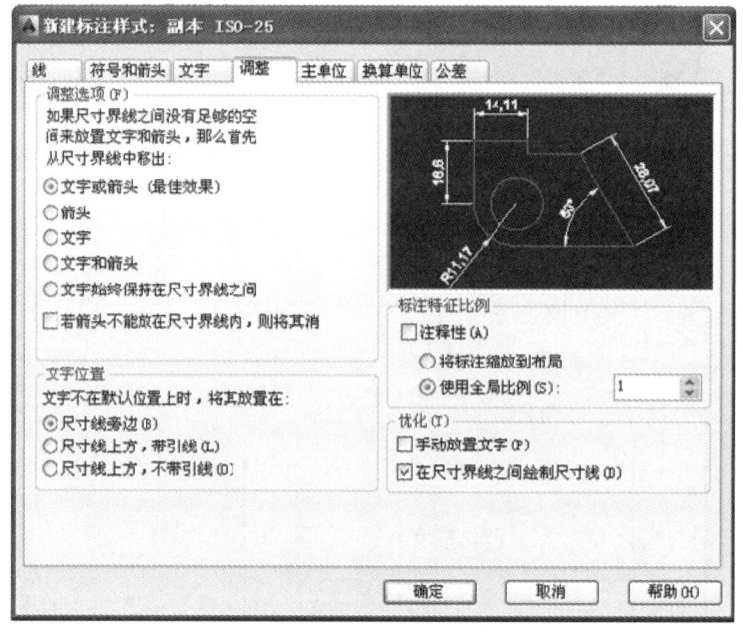

图 3-4-25 "调整"选项卡

（5）主单位。该选项卡用来设置尺寸标注的主单位和精度，以及给尺寸文本添加固定的前缀或后缀。本选项卡含两个选项组，分别对长度型标注和角度型标注进行设置。

（6）换算单位。该选项卡用于对替换单位进行设置。

（7）公差。该选项卡用于对尺寸公差进行设置。

（二）尺寸标注

不同类型的图样用不同的尺寸标注，AutoCAD 提供了多种方便快捷的标注方法，如图 3-4-26 所示。

1. 线性标注

线性标注用来标注图形对象在水平方向、垂直方向上的尺寸。

1）执行方式

（1）菜单栏："标注"→"线性"命令。
（2）工具栏："线性标注"按钮。
（3）命令行：DIMLINEAR。

2）操作说明

输入"DIMLINEAR"命令后回车，系统提示有两种选择：直接回车选择要标注的对象或确定尺寸界线的起始点；回车并选择要标注的对象或指定两条尺寸界线的起始点后，系统继续提示指定尺寸线位置或[多行文字（M）/文字（T）/角度（A）/水平（H）/垂直（V）/旋转（R）]，输入相应的参数后，即可完成标注。

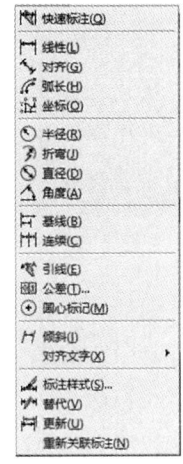

图 3-4-26 标注方法

对齐标注的尺寸线与所标注的轮廓线平行；坐标尺寸标注点的纵坐标或横坐标；角度标注标注两个对象之间的角度；直径或半径标注标注圆或圆弧的直径或半径；圆心标记则标注圆或圆弧的中心或中心线，具体由"新建（修改）标注样式"对话框"尺寸与箭头"选项卡"圆心标记"选项组决定。上面所述这几种尺寸标注与线性标注类似，此处不再赘述。

2. 基线标注

基线标注用于产生一系列基于同一条尺寸界线的尺寸标注，适用于长度尺寸标注、角度标注和坐标标注等。在使用基线标注方式之前，应先标注出一个相关的尺寸，如图 3-4-27（a）所示。基线标注两平行尺寸线间距由"新建（修改）标注样式"对话框"尺寸与箭头"选项卡"尺寸线"选项组中"基线间距"文本框中的值决定。

3. 连续标注

连续标注又叫尺寸链标注，用于产生一系列连续的尺寸标注，后一个尺寸标注均把前一个标注的第二条尺寸界线作为它的第一条尺寸界线。与基线标注一样，在使用连续标注方式之前，应该先标注出一个相关尺寸。其标注过程与基线标注类似，如图 3-4-27（b）所示。

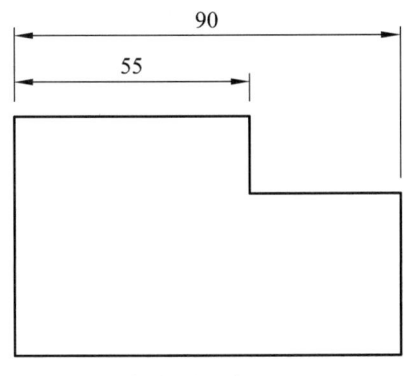
（a）基线标注

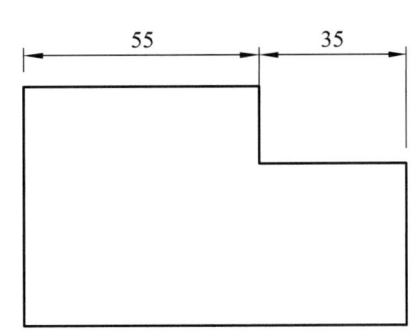
（b）连续标注

图 3-4-27 线性标注

4. 快速标注

快速标注命令 QDIM 使用户可以交互地、动态地、自动化地进行尺寸标注。在 QDIM 命令中可以同时选择多个圆或圆弧标注直径或半径，也可同时选择多个对象进行基线标注和连续标注，选择一次即可完成多个标注，因此可节省时间，提高工作效率。

5. 引线标注

引线标注主要用于对图形中的某些特定对象进行注释和说明，以使图形表达得更清楚。执行 QLEADER 命令可以快速生成指引线及注释，通过"引线设置"对话框设置引线格式。在引线标注中，指引线可以是折线，也可以是曲线；指引线端部可以有箭头，也可以不用箭头。利用 QLEADER 命令可快速生成指引线及注释，而且可以通过命令行优化对话框进行自定义，由此可以消除不必要的命令行提示。

任务五　图形的输入和输出

一、模型空间与图纸空间

AutoCAD 中有两个工作空间，分别是模型空间和图纸空间。通常，我们在模型空间按 1:1 进行设计绘图；为了与其他设计人员交流、进行产品生产加工，或者工程施工，需要输出图纸，这就需要在图纸空间进行排版，即规划视图的位置与大小，将不同比例的视图安排在一张图纸上并对它们标注尺寸，给图纸加上图框、标题栏、文字注释等内容，然后打印输出。可以说，模型空间是我们的设计空间，而图纸空间是表现空间。

在 AutoCAD 中，系统为用户提供了使用模型空间和图纸空间对图形文件进行输出设置与打印的功能。利用如图 3-5-1 所示的绘图窗口左下角的"模型"或"布局"选项卡，即可实现模型空间和图纸空间的切换。

图 3-5-1　"模型"或"布局"选项卡

1. 模型空间

模型空间中的所谓"模型"是指在 AutoCAD 中用绘制与编辑命令生成的代表现实世界物体的对象，而模型空间是建立模型时所处的 AutoCAD 环境。在模型空间里，可以按照物体的实际尺寸绘制、编辑二维或三维图形，也可以进行三维实体造型，还可以全方位地显示图形对象，它是一个三维环境。当启动 AutoCAD 后，系统默认处于模型空间，绘图窗口下面的【模型】选项卡是激活的，而图纸空间是关闭的。

2. 图纸空间

图纸空间的"图纸"与真实的图纸相对应，图纸空间是设置、管理视图的 AutoCAD 环境。在图纸空间可以把模型对象不同方位的显示视图，按合适的比例在"图纸"上表示出来，还可以定义图纸的大小、生成图框和标题栏。模型空间中的三维对象在图纸空间中是用二维平面上的投影来表示的，因此它是一个二维环境。

3. 布　局

布局相当于图纸空间环境。一个布局就是一张图纸，并提供预置的打印页面设置。在布局中，可以创建和定位视口，并生成图框、标题栏等。利用布局可以在图纸空间方便、快捷地创建多个视口来显示不同的视图；而且每个视图都可以有不同的显示缩放比例、冻结指定的图层。

在一个图形文件中，模型空间只有一个，而布局可以设置多个。这样就可以用多张图纸多侧面地反映同一个实体或图形对象。例如，将在模型空间绘制的装配图拆成多张零件图；或将某一工程的总图拆成多张不同专业的图纸。

二、模型空间中打印图纸

如果仅仅是创建具有一个视图的二维图形，则可以在模型空间中完整创建图形并对图形进行注释，同时直接在模型空间中进行打印，而不用布局选项卡，这是 AutoCAD 创建图形的传统方法。调用打印该命令的方法如下：

（1）工具栏："打印"按钮。
（2）菜单栏："文件"→"打印"命令。
（3）快捷键：Ctrl+p。

执行打印命令，系统弹出"打印-模型"对话框，如图 3-5-2 所示，进行相关设置后，就可打印输出。

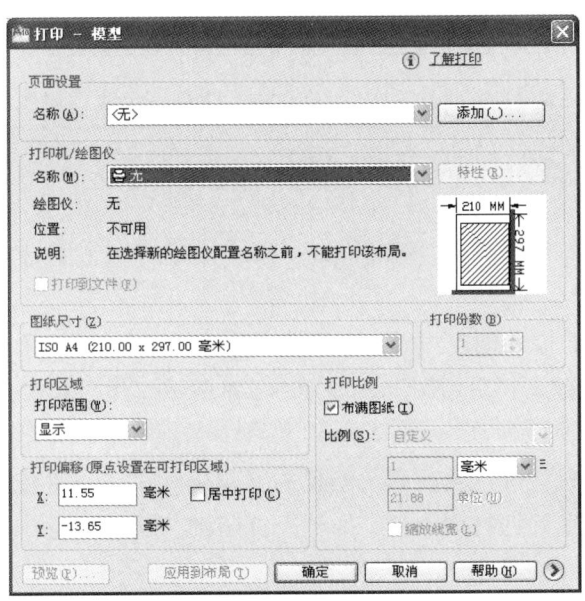

图 3-5-2　"打印-模型"对话框

三、在图纸空间中打印图纸

图纸空间在 AutoCAD 中的表现形式就是布局，为了使图形能够合理地输出在图纸上，用户在打印输出图形之前，应该进行布局的设置。

1. 创建布局

在创建布局的过程中，用户可以设置打印样式以及打印的比例、方向和图纸大小等。调用创建布局向导命令的方法如下：

（1）菜单栏："工具"→"向导"→"创建布局"命令。

（2）命令行：layoutwizard。

【例 3-5-1】以图 3-5-3 所示的房屋平面图为例来创建一个布局，其操作过程如下。

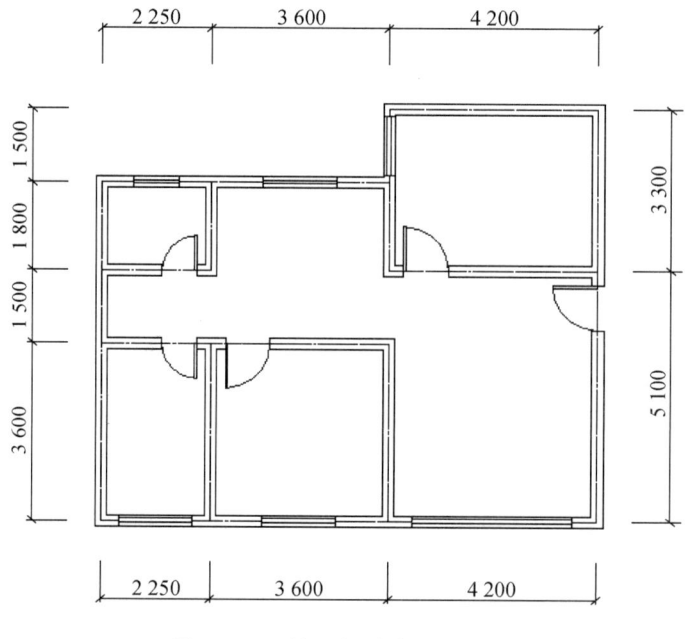

图 3-5-3　绘制好的房屋平面图

激活布局向导命令，系统弹出"创建布局-开始"对话框，在对话框的左边列出了创建布局的步骤。

（1）第一步：开始，输入创建布局的名称。在【创建布局-开始】对话框中的"输入新布局的名称"的编辑框中键入"房屋图"，如图 3-5-4 所示。然后单击"下一步"按钮，出现"创建布局-打印机"对话框。

（2）第二步：打印机，选择当前系统配置的打印机。在"创建布局-打印机"对话框中，为新布局选择一种已配置好的打印设备，如电子打印机"DWF ePlot.pc3"。然后单击"下一步"按钮，出现"创建布局-图纸尺寸"对话框。

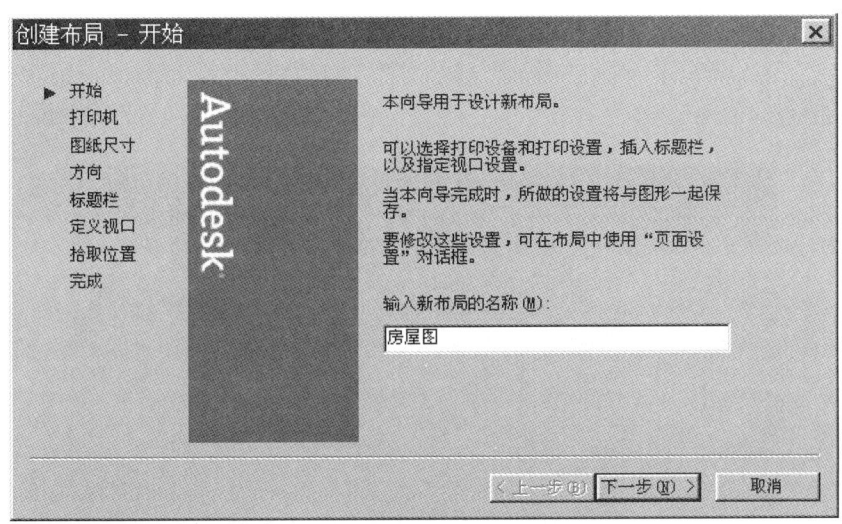

图 3-5-4 "创建布局-开始"对话框

（3）第三步：图纸尺寸，选择打印图纸的大小和单位。在"创建布局-图纸尺寸"对话框中，选择打印图纸为"ISO full bleed A3（420.00×297.00）"，选择图形单位为"毫米"。然后单击"下一步"按钮，出现"创建布局-方向"对话框。

（4）第四步：方向，设置打印的方向。在"创建布局-方向"对话框中，选择图形在图纸上的方向为"横向"。然后单击"下一步"按钮，出现"创建布局-标题栏"对话框。

（5）第五步：标题栏，选择图纸的边框和标题栏样式。在"创建布局-标题栏"对话框中，选择图纸的边框和标题栏样式为"DIN A3 title block.dwg"（这里也可以选择自己事先设计好的边框和标题栏样式），在"类型"框中选择标题栏以"块"插入，如图 3-5-5 所示。然后单击"下一步"按钮，出现"创建布局-定义视口"对话框。

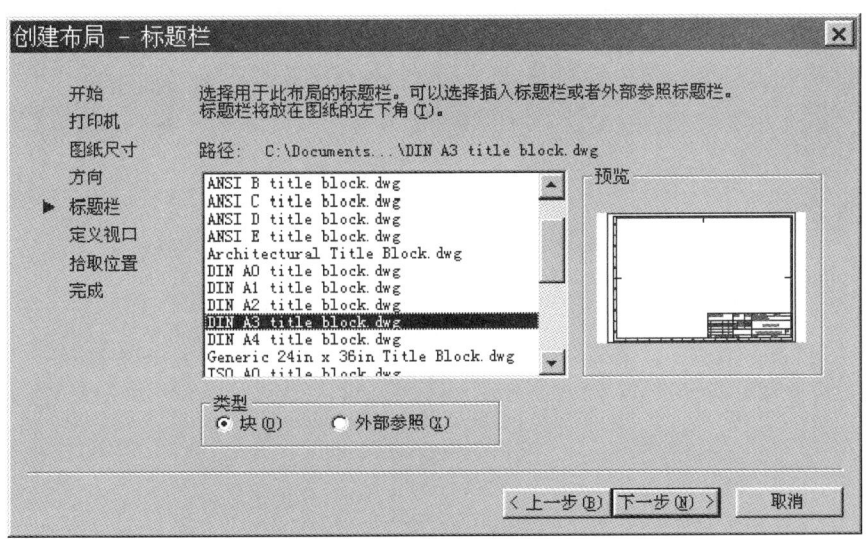

图 3-5-5 "创建布局-标题栏"对话框

(6)第六步：定义视口，对视口进行比例设置。在"创建布局-定义视口"对话框中，选择"视口设置"为"单个"，视口比例"1：100"，即将模型空间的图形按1：100显示在视口中，如图3-5-6所示。然后单击"下一步"按钮，出现"创建布局-拾取位置"对话框。

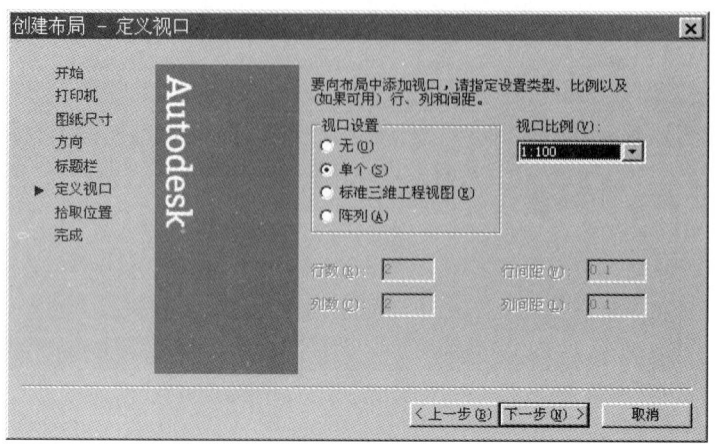

图 3-5-6　"创建布局-定义视口"对话框

(7)第七步：拾取位置，指定视口的大小和位置。在"创建布局-拾取位置"对话框中，选择"选择位置"按钮，AutoCAD切换到绘图窗口，通过指定两个对角点指定视口的大小和位置，然后系统直接进入"创建布局-完成"对话框。

(8)第八步：完成，完成新布局的创建。在"创建布局-完成"对话框中单击"完成"按钮，就完成了新布局及视口的创建。所创建的布局出现在屏幕上。

2. 管理布局

创建好布局以后，用户可以对布局进行管理，包括复制、删除、新建、重命名等操作。调用布局管理命令的方法如下：

命令行：layout。

或在某个布局选项卡上单击鼠标右键，弹出如图3-5-7所示的快捷菜单。

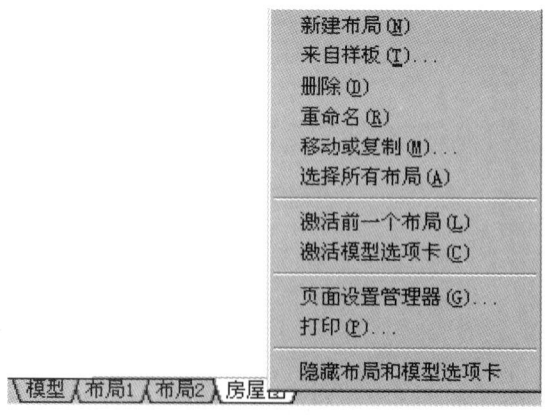

图 3-5-7　快捷菜单

3. 布局中的图纸打印输出

布局创建好后，布局中的图纸打印输出与模型空间的打印输出操作基本类似，甚至还要方便许多，因为布局实际上可以看作是一个打印的排版，在创建布局的时候，很多打印时需要的设置（如打印设备、图纸尺寸、打印方向、出图比例等）都已经设置好了，在打印时不需要再进行设置。

总　结

AutoCAD 是工程设计领域中应用最为广泛的计算机辅助绘图软件，要运用它进行通信工程图纸的绘制，必须熟练掌握各种绘图命令和制图方法。

使用 AutoCAD 软件进行绘图时，首先要了解 AutoCAD 的软件界面、各工具栏的功能，并能够对初始绘图环境依据绘图要求进行设置。

任何一幅工程图都是由一些基本图形元素（如直线、圆、圆弧和文字等）组成的，学习 AutoCAD 首先应掌握基本图形元素的绘图方法。

AutoCAD 的命令通常有菜单方式、工具栏方式和命令行方式 3 种执行方式。

在工程图纸中所绘制的图形只用于反映实物的形状，而物体各部分的真实大小和各部分之间的确切位置关系，应通过标注尺寸准确地表达出来。

思考题

1. 调用 AutoCAD 命令的方法有哪些？
2. 怎样设置当前图层？如何改变图层的属性？
3. 撤销命令和清除命令有何区别？
4. 简述复制命令和阵列命令的差异。
5. 延伸命令和拉伸命令有何区别？

项目实训

1. 利用 AutoCAD，按表 3-5-1 的规定设置图层及线型，并设定线型比例。

表 3-5-1　图层及线型

图层名称	颜　色	线　型	线　宽
0	白色	CONTINUOUS	0.30 mm
填充	蓝色	CONTINUOUS	0.35 mm
标注	洋红色	CONTINUOUS	0.15 mm（细实线，尺寸标注及文字用）

2. 根据所给的标注尺寸，在 AutoCAD 中画出图 3-5-8。

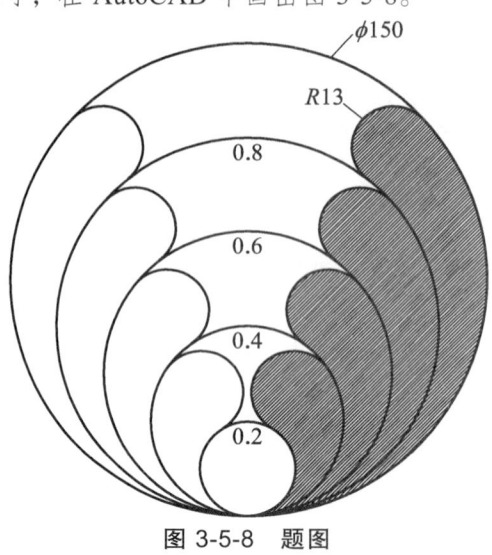

图 3-5-8 题图

项目四 通信工程现场勘查与草图绘制

项目学习任务

任务一 光缆线路工程现场勘查与草图绘制
任务二 无线基站工程勘查与草图绘制
任务三 机房勘查与草图绘制

任务一 光缆线路工程现场勘查与草图绘制

一、勘查前的准备工作

(1) 人员组织:由设计、建设、施工三方人员组成勘查小组。

(2) 熟悉和研究有关文件:勘查小组首先应听取并研究工程负责人对设计任务书中的工程概况和要求等方面的介绍,充分了解工程建设的意义和任务要求;明确工程任务和范围,如工程性质,规模大小,建设理由,近、远期规划,原有设备利用情况,是否新(扩)建局(站)及其地点、面积等要求。

(3) 收集资料:通信线路的建设布局面较广,涉及的部门较多,为了不互相影响,应选择合理的线路布局和路由,以保证通信的安全和便利,因此必须向有关单位和部门调查了解和收集有关其他建设方面的资料。

(4) 制订勘查计划:根据设计任务书的要求及所收集了解的资料,在1:50 000的地形图上粗略选定电缆路由,并依此制订勘查计划。

(5) 准备勘查器材:望远镜(×10)、测距仪、地理测量仪、罗盘仪、皮尺、绳尺、标杆、随带式图板及工具等。

二、勘查的基本要求

实际上要做到勘查好路由,在草图上准确地标出正式设计时所需的各种参数,就要求勘查人员对传输线路的性能、已公布的各种设计规范作详细的了解和研读,并结合自己的实际经验在勘查过程中认真实施。下面就一些相关规定简要介绍如下。

(1)选择线路路由,应以工程设计任务书和干线通信网规划为依据,本着"路由稳定可靠、走向合理、便于施工维护及抢修"的原则,进行多方案技术、经济比较。

(2)选择线路路由,应以现有的地形、地物、建筑设施和既定的建设规划为主要依据,并考虑有关部门的长远发展规划;应选择线路最短、弯曲较少的路由。

(3)选择路由时,尽量兼顾国家、地方的利益,多勘察、多调查,综合考虑,尽可能使其投资少、见效快。

(4)选择路由时,应尽量远离干线铁路、机场、车站、码头等重要设施和相关的重大军事目标。

三、光缆线路路由的选择

长途通信光缆干线的敷设方式,以直埋和简易塑料管道敷设为主,个别地段辅以架空和水线方式。下面介绍几种常用路由的选择方法。

1. 直埋光缆路由选择

(1)在符合路由走向的前提下,直埋光缆线路应沿公路(高等级公路、等级公路、非等级公路)或乡村大路顺路取直敷设,避开公路用地、路旁设施、绿化带和道路计划扩建地段,光缆的路由距公路平行距离不宜小于 50 m。

(2)光缆线路的路由应选择在地质稳固、地势较平坦的地段,避开湖泊、沼泽、排涝蓄洪地带,尽可能少穿越水塘、沟渠,不宜强求长距离的大直线。穿越山区时,应选择在地势起伏小、土石方工作量较少的地方,避开陡峭、沟壑、滑坡、泥石流以及冲刷严重的地方。

(3)光缆线路穿越河流,应选择在河床稳定、冲刷深度较浅的地方,并兼顾大的路由走向,不宜偏离太远,必要时可采用光缆飞线架设方式。对特大河流,可选择在桥上架挂,但要考虑到战备时布设水底光缆的转换方式。

(4)光缆线路尽量远离水库位置,通过水库时也应设在水库的上游。当必须在水库的下游通过时,应考虑水库发生事故、危及光缆安全时的保护措施。光缆不应在坝上或坝基上敷设。

(5)光缆线路不宜穿过大的工业基地、矿区、城镇、开发区、村庄。当不能避开时,应采取修建管道等措施加以保护。光缆路由不应通过森林、果园等经济林带,当必须穿越时,应当考虑经济作物根系对光缆的破坏性。

(6)光缆线路应尽量远离高压线,避开高压线杆塔及变电站和杆塔的接地装置,穿越时尽可能与高压线垂直,当条件限制时,最小交越角不得小于 45°。

(7)光缆线路尽量少与其他管线交越,必须穿越时,应在管线下方 0.5 m 以下加钢管保护。当敷设管线埋深大于 2 m 时,光缆也可以从其上方适当位置通过,交越处应加钢管保护。

(8)光缆线路不宜选择存在鼠害、腐蚀和雷击的地段,不能避开时应考虑采取保护措施。

2. 水底光缆线路的路由选择

水底光缆线路的过河位置应选择在河道顺直、流速不大、河面较窄、土质稳定、河床平缓、两岸坡度较小的地方。水底光缆上岸处宜选择在坡度小、岸滩稳固、不易坍塌，且不受洪水淹没的地段。水底光缆上岸处最好应地形宽敞，以便于施工、维护和设置水底光缆标志牌等。以下地点不能敷设水底光缆：

（1）两条河流的交汇处；
（2）水道经常变更的地段；
（3）河道的转弯处；
（4）险滩、沙洲附近；
（5）产生漩涡的地方；
（6）有拓宽和疏浚计划的地段；
（7）两岸陡峭、经常遭猛烈冲刷、易塌方的地段；
（8）江河边的游泳场所；
（9）有腐蚀性污水排泄的水域；
（10）石质卵石河床、施工困难的地段；
（11）附近有其他水底光（电）缆、沉船、爆炸物、沉积物等的区域；
（12）在码头、港口、渡口、桥梁、停船抛锚区、船闸、避风处和水上作业区的附近（如需敷设时，距以上地点应大于 300 m 以上）。

3. 架空光缆线路的路由选择

选择架空光缆线路的路由，以近、直、平为原则，即采取最短捷的路线，应尽量取直线，减少转弯角杆；采取较平坦的路线，减少坡度变更。避免在短距离内有连续两个方向不同的角杆。

与铁路平行时，与路基隔距不小于 50 m；与公路并行时，与路边隔距不小于 20 m。丘陵和山区公路弯曲多，当架空杆路采取直线并行时，其最近处以不小于 6 m，最远处大于 100 m 为宜；与其他通信线路并行时，双方应保持不小于 8~20 m 的间隔。

4. 管道光缆线路的路由选择

管道光缆线路的路由，一般与市区内电缆管道合用，在管道建筑好后，路由选择的余地比较小，基本原则为不影响市话电缆的扩容、改造，并能保障光缆线路的安全。目前在一个电缆管孔内布放 2~3 条塑料管，每条管布放一条光缆，以提高管孔的利用率。

四、本地网线路路由勘查

1. 主干电缆路由的选定

根据现行许多城市本地通信网的布线原则，绘制出住户分布图和城市街道图来确定主干电缆的路由，并结合原有设备情况，把交换区组成一个灵活、稳定而又经济的线路网。勘查时，应确定各段电缆线路的构筑方式、引上位置及各段电缆的容量等。具体要求如下：

（1）电缆路由应当短直、安全、固定、敷设和维护方便，走向应与配线方向一致，避免走回头线。同时，充分考虑原有设备的合理利用及将来扩建、调整和割接工作的方便。

（2）电缆不宜敷设在有腐蚀性的地区或电蚀地区（如电力系统的接地点等）。

（3）路由应符合城建规划部门的规定。同时，应考虑路由建筑技术的各种条件，保证技术上的可靠性和经济合理性。

2. 配线电缆的勘查

根据住户分布情况和原有设备情况划分配线区，确定用户线引入方式、配线点、分线设备容量及程式、配线电缆容量、建筑方式及路由等。目前，住宅区的分线设备最小容量为10P，即10个住户就应有配线电缆。配线电缆建筑方式可采用架空、墙壁或地下等方式。

当采用架空方式时，应对杆路设备进行勘查，在新建线路上，应通过测量选定路由及杆位，确定杆路所采用的建筑程式。在原有线路上进行扩建或调整时，对原杆路设备应进行详细勘查，了解原杆能否利用或需加固、调整，原有杆路建筑是否合理，是否需要加以改善（如调整杆路或移改路由），并核对杆距，以便作为配线设计和杆路设计的依据。

3. 管道路由勘查

在局址和主干路由勘查的基础上确定管道路由。选定路由前，向城建部门了解路由地下管线的分布情况，并注意以下几点：

（1）尽量利用原有电信管道，避免新设和扩建的管线走回头线。

（2）选择地下水位低，地面上、下障碍物少，远离电蚀或化学腐蚀地区的街道建筑管道。

（3）一般管道均应建在人行道下。

（4）考虑引上的方便和人孔建筑的可能性。

（5）管道所选路由要征得城建部门的书面同意。

任务二　无线基站工程勘查与草图绘制

一、无线基站勘查

1. 机房电力系统配置

主设备的电源供给关系工程实施的顺利进行，在基站勘查中要确认以下事宜。

（1）确认公用交流电的入口。

（2）确定交流配电箱的位置和容量；确认是否有已存在的交流配电箱和具体的方位，如有可用的配电箱，确认其容量大小。

（3）是否需要直流开关电源及具体的方位，这对计算电源电缆的长度是必需的。

（4）确认电源电缆的走线路径，以及室内电缆走线架需要与否。
（5）确定电源电缆的长度。
（6）在安装前需获取公用交流电。
（7）观察或预估室内走线架的安装位置，测量室内走线架的长度、高度、宽度，与主设备的方位关系，距离主设备的高度落差，从墙壁电源到走线架的高度等。
（8）根据得到的测量数据来计算电源电缆的长度。
（9）按要求的规格购买电源电缆并进行切割以备工程使用。

2. 机房接地系统

把电路中的某一点或某一金属壳体用导线与大地连在一起，形成电气通路。其目的是让电流易于流到大地，因此电阻越小越好。

接地系统的作用：一是保护设备和人身的安全；二是保证设备系统稳定运行。

（1）机房系统接地分类。
① 直流工作地；
② 交流工作地；
③ 安全保护地；
④ 防雷保护地。

（2）接地阻值及相互关系。
① 交流工作地电阻 R 不大于 4 Ω；
② 安全保护地电阻 R 不大于 4 Ω；
③ 防雷保护地电阻 R 不大于 10 Ω；
④ 直流工作地电阻的大小、接法以及与诸地之间的关系，应依据不同系统而定，一般要求 R 不大于 4 Ω。

（3）各工作地的实现措施。
① 实现交流工作地措施：主设备用绝缘导线串联起来接到配电柜的中性线上，然后用接地母线接地，实现交流接地。其他交流设备应各自独立地按电器规范的规定接地。
② 实现安全保护地措施：机房内的设备，应将所有机柜的外壳用绝缘导线串联起来，再用接地母线与大地相连。辅助设备，如空调、电动机、变压器等机壳的安全保护地，应按相关的电气规范接地。
③ 实现直流工作地措施：直流工作地指的是逻辑地，为了设备的正常工作，机器的所有电子线路必须工作在一个稳定的基础电位上，这是零电位参考点。

（4）直流接地的方法。

直流接地就是把电子系统中数字电路的等电位点与大地连起来，主要防止静电或感应电以及高频干扰所带来的影响。

① 串联接地（多点接地）：将计算机系统中各个设备的直流地以串联的方式接在作为直流地线的铜板上。应注意连接导线应与机壳绝缘。如果做完上述工作后，将直流地线的铜板通过接地母线接在接地地桩上，那么就成为直流接大地（主要用在要求不高的机房、1 MΩ）。
② 并联接地（单点接地）：将机房内的机柜分别引到一块铜板地线上，铜板下要求垫绝缘材料，保证机房内的直流地对大地有良好的绝缘，主要用在要求较高的机房。

③ 网格接地：把一定截面面积的铜带（厚 1~1.5 mm、宽 25~35 mm），在地板下交叉排成 600×600 的方格，其交叉点与活动地板支撑架的位置交错排列。交叉点焊接或是压接（注意绝缘、地面卫生、处理方式）工艺复杂，一般用在要求较高的机房。

（5）基站机房接地的控制点。

① 基站机房接地分为天线馈线接地、主设备接地和其他设备接地。天线馈线自铁塔/抱杆下至室外电缆走线架，入机房前，至少应 3 点（馈线引下点、中间点、入机房前一点）接地。

② 确定楼顶避雷带和建筑地级组的位置，选择合适的接地点。

③ 确认馈线接地件的数量、安装位置。设备保护地不能同室外避雷地和交流地共地使用，室内接地排到地网接入地排间应使用较粗的地线。

④ 机房内接地排的位置和 Node-B 的方位关系，测量所需地线的长度。勘查时须注意勘查下列 5 类地线情况：Node-B 设备到室内接地排的距离；直流电源柜设备到室内接地排的距离；室内走线架到室内接地排的距离；数字配线架（DDF）到室内接地排的距离；室内接地排到室内地网的距离。

⑤ 室外接线排的安装位置，室外接线排的长度、型号。例如：安装 500 mm 长的 TMY-100×10 室外接地排一块，安装于馈线孔下方外墙上，并就近可靠引接地线至建筑地极组或楼顶避雷带。

⑥ 各项接地确认：交流引入电缆、交流配电箱、电源架接地、传输设备和其他设备。

3. 铁塔和屋舍位置关系

根据事先取得的资料和设计图纸，结合现场勘查，需确认以下事项：

（1）根据天线安装的设计图，结合站点周边的环境和屋舍的高度、无线环境的情况综合考虑是否需要铁塔。详细了解其他无线设备所使用的频点、发射功率、距离 TD-SCDMA 天线的距离以及其主覆盖的方向。

（2）如站点已经存有铁塔，则考虑能否继续利用。需明确铁塔的物主、原来的用途，委托客户来对使用权进行交涉协商。需考察铁塔的具体方位并测量塔的高度、尺寸，确认铁塔的强度是否符合要求，塔上有无足够空间来利用。塔上若已存有天线，则要考虑干扰的预估和排除。如果能有效快速地改造铁塔，且铁塔的各方面情况都能符合要求，则推荐使用原有铁塔，这样可以节约工时和开支。

（3）根据取得的图纸和勘查时拍摄的照片及测量数据来得到屋舍的全图，确定铁塔在站点的什么位置，与机房的方位、距离关系。必须对铁塔和机房的距离方位进行严格测量，并根据测量数据画出图纸。

（4）根据铁塔和机房的具体方位，结合站点的实际情况来确定馈线的走线路径。由于馈线的长度涉及馈线的损耗和工程的费用问题，根据测量的情况选取最短的走线路径是非常必要的。测量主馈线时，对各个馈线弯角的弧长进行估算，在进入室内时，要考虑滴水弯的弧线长度，同时要留有一定的余量。

（5）是否需要新的馈线架，如果需要，根据馈线的走线路径来确定馈线架的尺寸、长度等。如果站点存在馈线架，对能否利用、强度、长度等问题予以确认。

（6）确定塔顶放大器、天线在铁塔上的安装位置。GPS 天线上方大约 45°角范围内没有遮盖物。

（7）馈线自铁塔/抱杆下至室外电缆走线架，入机房前，至少应 3 点（馈线引下点、中间点、入机房前一点）接地，确认这些接地点的存在。抱杆和室外走线架应就近接入避雷地网，如附近无可用的避雷地网，须分别接到室外接地排，由室外接地排统一接入接地网。避雷器汇流条要同室外的避雷接地排牢靠连接；绝对不能同室内的设备保护地网连接在一起。如果室外走线架长度超过 20 m，要求每隔 20 m 将室外走线架就近接入避雷地网。

（8）确认是否需要馈线穿墙板，以及穿墙板的规格（2 孔、4 孔、6 孔）和孔径的大小等；确认天线馈线和馈线架的固定问题，以及所需工具和材料。

4．天线设立位置

天线设立位置需确认的问题如下：

（1）安装天线的高度。
（2）安装天线的用途。
（3）安装天线的铁塔或抱杆等的强度。
（4）是否有空间对指定方向（0°、120°、240°）的天线进行安装。
（5）是否有天线接续场所。
（6）事先准备时，在不明确天线安装位置的情况下，应向客户或业主确认或取得设计图等资料。注意这些信息是在工程准备阶段取得的，但主要还是要依据实际测得的数据来确定。
（7）在天线安装时，如有意外的情况发生（如某些地点不允许安装天线），应向客户或业主进行说明和委托研讨。
（8）需确认在天线的方向无障碍物。如发现可能由于障碍物而引起信号故障，应向客户提出变更天线位置及高度，或要求更改设立基站机房的地点。
（9）需确认已安装的天线无干扰问题。如果预计和已有天线有干扰问题，而且干扰问题无法避免，则要求更改设立基站机房的地点。
（10）如要进行天线位置的变更，必须在事前对天线将设立何处、能否解决问题等进行详细调查。

5．勘查记录

勘查记录主要是指在各个站点现场勘查记录的信息，包括如下资料和内容：

（1）现场勘查填写的《工程勘查记录表》。
（2）现场勘查绘制的基站位置示意草图、机房平面布置草图、天馈线安装示意草图等。
（3）现场勘查过程中拍摄的基站环境、天线安装位置、馈线布放路由、机房环境及布局、设备安装位置、相关的传输和电源设备的面板及端子占用情况、接地排及其端子占用情况、线缆布线路由、利旧的设备器材等照片。
（4）签字确认：每个站点勘查记录表必须让建设单位项目管理审核，并完成需求和建设方式的签字确认。

无线基站工程的具体勘查记录信息如下：
（1）基础信息：基站名称、基站编号、勘查日期。

（2）基站位置：经度、纬度、海拔高度、相对高度、基站地址、建站难度（建设难度非协调难度）。

（3）基站环境：覆盖区域类型、规模、无线环境。

（4）天馈系统：天线类型、水平波瓣角、方位角、下倾角、挂高、塔桅方式。

（5）无线基站：基站类型、设备类型、设备安装位置、备注。

（6）配套传输：光传输线路情况、设备厂家、设备型号、GE口（千兆以太网接口）占用数/配置数、GE口板卡型号/数量。

（7）配套电源：现有电源设备厂家、设备名称、设备型号/数量、电源模块型号/数量、电源端子配置和占用情况、交流配电箱输出端子类型及配置占用情况、接地排孔位配置占用情况。新建基站需要新增市电引入，需要及时反馈上报铁塔公司建设。

（8）土建及金属加工：机房类型，机房所在楼层、层高，机房承重情况，室内走线架规格及高度，室外走线架规格及高度，地网，接地点，馈线窗孔位配置和占用情况。

（9）共建共享：共享铁塔、共享铁塔平台、共享天面、共享市电、共享配套电源、共享机房。

（10）其他信息：上述内容中未列出的其他需要记录的相关信息，如用户消费习惯、消费能力、用户意见等。

二、现场草图绘制要求

无线基站工程勘查需要绘制的草图主要包括基站位置示意图、机房平面布置图和天馈线安装示意图。

1. 基站位置示意图

基站位置示意图需要绘制和记录的关键信息、数据如下：

（1）拟建基站的位置：草图中必须绘制拟建基站的位置，并能通过草图中的参照物确定站点所处的大致位置。

（2）其他运营商基站位置：所选站点附近如果有其他运营商的基站，应标注其所属运营商及该站的相对位置。

（3）明显参照物：草图中应绘制或标注明显参照物。

（4）天线方位角：必须现场确定天线方位角并记录，同时标注正北方向。

2. 机房平面布置图

机房平面布置图需要绘制和记录的关键信息、数据如下：

（1）机房平面布置图及尺寸：包括机房中设备的平面布置、机房尺寸、设备的位置尺寸、各设备的规格尺寸、壁挂设备下沿离地高度等。

（2）机房所在楼层/楼层数：机房在楼栋中的位置信息。

（3）基站设备面板图：主要是指基站设备的槽位、板卡位置以及接口、端子等的位置和配置信息。

（4）新增设备安装位置、定位尺寸：绘制新增设备在机房中的安装位置，标注设备的安装定位尺寸。

（5）传输设备板卡配置及端口占用图：主要是指传输设备的槽位、板卡位置以及接口、端口等的位置和配置、占用信息。

（6）电源模块配置及占用图：主要是指电源设备的槽位、模块位置、接口、端子等的位置和配置、占用信息；标注本次占用情况。

（7）走线架平面图：走线架的俯视图。

（8）走线路由：包括电源线、地线、信号线的走线路由。

（9）馈线窗：馈线窗位置及馈孔占用，下沿到地距离。

（10）接地排：接地排位置及端子占用，下沿到地距离。

（11）接地点位置：在草图中标注接地点的位置。

（12）正北方向。

3. 天馈线安装示意图

天馈线安装示意图包括俯视图和侧视图，需要绘制和记录的关键信息、数据如下：

（1）俯视图。

① 机房位置：基站机房在建筑物内的位置或相对于太阳能阵列、天线支撑装置的相对位置。

② 主设备位置：基站设备在机房或室外的相对位置。

③ 铁塔、H杆、抱杆等安装位置：相对于机房所处的位置。

④ 天线位置及方位角：基站收发天线的安装位置及方位角示意图，并需要绘制GPS天线的安装位置示意图。

⑤ 馈线路由：绘制馈线布放的路由，标注布放的长度及馈线需要接地的位置。

⑥ 正北方向。

（2）侧视图。

① 机房位置：基站机房在建筑物内的位置或相对于太阳能阵列、天线支撑装置的相对位置。

② 主设备位置：基站设备在机房或室外的相对位置。

③ 铁塔、H杆、抱杆等示意图：支撑设施规格、高度和安装位置的数据和信息。

④ 天线的安装位置：基站收发天线的安装位置示意图，并需要绘制GPS天线的安装位置示意图。

⑤ 馈线路由：绘制馈线布放的路由，标注布放的长度及馈线需要接地的位置。

在勘查记录时，除了必须记录上述所列的关键信息外，尽量将可能对工程设计、工程施工有影响的因素都进行记录，避免复勘或影响工程的设计、施工。

任务三　机房勘查与草图绘制

通信机房是通信网络的核心部分，机房内的通信设备、监控设备、强电和弱电供电系统的布局，以及防雷、接地、消防、空调、通风等各个子系统的规划，都是通信机房的设计和施工的重要组成部分，其地址选择应根据通信网络规划和通信技术要求以及水文、地质、地震、交通等因素综合考虑。

通信机房的设计和施工应符合原邮电部和信产部颁布的《通信机房建筑设计规范》《通信机房静电防护通则》《建筑物防雷设计规范》等规范性文件的要求。通信机房不应设在高温、多尘、易爆或低压地区；应避开有害气体、经常有大震动或强噪声的地方，远离有总降压变电所和牵引变电所的地方。专用的通信机房为通信设备安装和通信设备的安全运行提供良好的环境。

在通信网络中，通信机房包括终端站机房、中继站机房、转接站机房以及枢纽站机房等。对于大型通信站，可以成为一个独立体系，包括传输机房、交换机房、数字机房、监控室、光缆进线室、供电室、油机室、值班室等，此外还有办公室等辅助设施。

一、机房及机房的平面布局

对于新建局（站）的机房建设，应由具有通信建筑设计资质的专业设计单位，根据建设规模和中长期规划进行合理设计，而通信工程设计单位应根据机房设备安装和设备运营维护管理的需要向建筑设计单位提出相关的技术要求，如室内最低净高度、地面荷载、照明等。

对于改扩建工程，通信工程设计单位应根据现有机房的条件和设备安装的需要，合理安排机房的平面布局，确定设备的安装位置，必要时对机房的配套设施进行相应改造，使之符合设备安装、使用、维护的需要。

简而言之，通信机房指的是安装传输设备、程控交换设备、电源等配套设备的房屋。通信机房根据功能的不同，可分为设备机房、配套机房和辅助用房等。设备用房用于安装某一类无线通信或有线通信设备，如接收机房、发信（射）机房、交换机房、传输机房等；配套机房用于安装保证通信设施正常、安全和稳定运行的设备，如计费中心、网管监控室、配电室、电池室、油机室等；辅助用房是指除通信设施机房外，保障生产、办公、生活需要的用房，如办公室、值班室、资料室、消防保安室、备品备件室、通风机房、卫生间等。为了维护和管理上的方便，通信机房总体要求安排紧凑，典型的机房平面布局如图4-3-1所示。

机房布局总体原则如下：

（1）机房最好设计成套间，里间装机器，外间为控制室，里外间的隔墙可做成铝型材玻璃墙，或普通砖墙安装宽幅玻璃窗，便于维护人员在外屋隔着玻璃观察机器的工作状况。

（2）传输室设置在靠近配线室和程控交换室处。通常，传输设备安装在传输室，不具备传输室时，将传输设备放置在配线室或程控交换室。

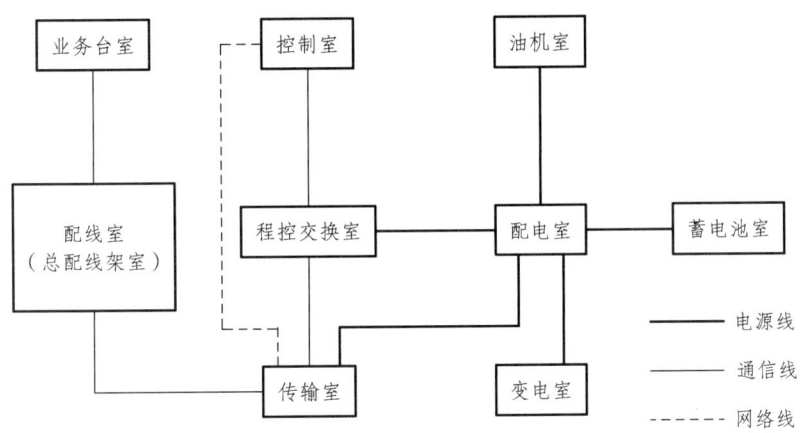

图 4-3-1 典型的机房平面

机房内传输室设备布放一般包括3种形式，即矩阵形式布放、面对面形式布放和背靠背形式布放，矩阵形式布放居多。传输设备矩阵形式布放的布局如图 4-3-2 所示。

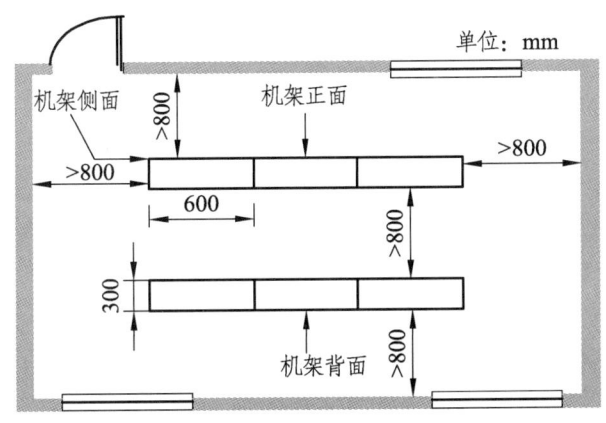

图 4-3-2 矩阵形式安装布局

（3）通信线缆、电源线缆等布放要尽量短捷，避免迂回，这既减少线路投资，又利于降低通信故障率，提高工作效率。

（4）综合机房内不同类型的设备应分区安装，各分区之间应有专用的设备之间互连线缆的走线通道，如走线桥架、走线槽道等。机房内应做到设备布局合理，设备之间连线敷设要短，尽量减少转弯。

（5）设备布放要便于施工、维护，且要整齐美观，对有扩增设备可能的局站，应预留相应的安装位置和空间。一般机房的面积应在设备垂直投影面积的 5~7 倍以上。

（6）通信机房在房屋建筑、室内结构、采暖通风、设备供电、室内照明及消防安全等诸多方面应符合国家现行标准、规范以及有关房屋建筑设计的规定,还要符合工企、环保、消防及人防等有关规定。

通信机房室内建筑要求见表 4-3-1。

表 4-3-1 通信机房室内建筑要求

具体项目	指标要求
机房面积	通信机房室内的最小面积应能容纳终端局设计容量的设备
室内净高度	室内最低高度(指梁下或风管下的净高度)不低于 3 m 为宜
室内地板	室内地板要求半导电,不起尘,通常铺防静电活动地板。地板板块铺设严密坚固,每平方米水平误差小于 2 mm;没有活动地板时,铺设导静电地面材料(体积电阻率应为 $1.0\times10^7 \sim 1.0\times10^{10}$ Ω·m³);导静电地面材料或活动地板必须进行静电接地,可以经限流电阻及连接线与接地装置相连,限流电阻的阻值为 1 MΩ
地板承重	承重大于机房内所有设备重量
房内门窗	室内的门高 2 m、宽 2 m,单扇门即可;门、窗必须加防尘橡胶条密封,窗户建议装双层玻璃并严格密封
室内墙面	墙面可以贴壁纸,也可以刷无光漆;不宜刷易粉化的涂料
房内的沟槽	室内的沟槽用于铺放各种电缆,内面应平整光洁,预留长度、宽度和孔洞的数量、位置、尺寸均应符合传输设备或程控交换设备布置摆放的有关要求
给排水	给水管、排水管、雨水管不宜穿越机房,消防栓不应设在机房内,应设在明显而又易于取用的走廊内或楼梯间附近

二、机房的选址与勘查

在通信网络的建设中,基站机房的勘查有一定的代表性,下面以基站机房为例进行说明。

工程设计成败在于初期的协调、准备工作。协调工作涉及与业主对机房设置的沟通,与管理部门或建筑单位的沟通,以及各相关厂商的协调。协调成功后,需绘制现场图解,再依图解做分析、设计及施工项目规划,并且订立机房施工说明与施工配置图,图纸确认后进行其他相关项目设计和估算。

1. 机房选址

基站选址时对机房条件的主要考虑是天线铁塔和机房内设备的安装条件、电源供应、自然环境等因素。由于铁塔建设成本较高,必须结合站点的实际情况(地理位置、楼高、障碍物等)进行严格论证,确定是否需要新的铁塔。

选址的要求如下:

(1)充分利用现有机房;

(2)使用预规划中的理想站点;

(3)保证重要区域和人口密集区域的覆盖;

(4）要求被选建筑物附近尽量开阔；
(5）避免选择很高的山峰；
(6）新建基站应选在交通方便、市电可用、环境安全及少占良田的地方；
(7）避免在大功率无线电发射台、雷达站或其他干扰源附近建站；
(8）避免在树林、山区、岸比较陡或密集的湖泊区、丘陵城市及有高层金属建筑的环境中建站；
(9）基站应避免建在天线前方近处有高大楼房处；
(10）两个网络系统的基站尽量共址或靠近选址建站；
(11）选择机房改造费低、租金少的楼房作为站址。

房内一般安装有基站发信台（BTS）、电力设备、传输设备和蓄电池等。当BTS容量大时，各种设备要分别安装于各自的机房内，对于容量不大的BTS，可将以上设备安装在同一机房内，以减少建筑面积和便于维护管理，并采用免维护蓄电池。

一般情况下，BTS工作在无人值守的方式下，且BTS分布比较分散，所以对BTS机房的电源自动控制、温度和湿度的监控、烟雾及火情报警、防盗报警等功能有较高的要求。BTS多位于建筑物顶层，机房面积比较小，所以BTS的机房结构、供电、空调通风、照明和消防等的工程设计一般比较紧凑。

在BTS机房建筑设计要求中，对避雷防护要求比较高。在BTS安装工程开始之前，需要将基本避雷设施安装好，以保证工程顺利进行。

BTS的房屋建筑结构、采暖通风、供电、照明、消防等项目的工程设计一般由建筑专业设计人员承担，但必须按BTS的环境设计要求进行设计，同时应符合环保、消防、人防等有关规定，符合国家现行标准、规范，以及特殊工艺设计中有关房屋建筑设计的规定和要求。

机房的建筑设计应符合国家《建筑设计防火规范》（GB 50016—2014）中关于"民用建筑的防火间距"的规定。通信建筑作为重点防火单位，其设计耐火等级为二级或一级（高层建筑），建筑物之间防火间距不少于6 m；当相邻单元建筑物耐火等级为三、四级时，则其间距不少于7 m。

(1）机房内严禁存放易燃、易爆等危险品。
(2）施工现场必须配备有效的消防器材。如装有感烟感温等报警装置，性能应良好。
(3）机房内不同电压的插座，应有明显标志。
(4）楼板预留孔洞应配有安全盖板。

机房内除了安装有火灾和烟雾等报警装置外，还可以安装自动灭火器，以便在火情初期扑灭或控制火势。此外，机房外面的过道处应设置一定数量的手提灭火器，供火灾初期使用。

当按消防的规定需要设置消防水池时，其容量应能满足在火灾延续时间内室内外消防用水总量的要求（火灾延续时间按2 h计算）。消防栓不应设在机房内，应设在明显而又易于取用的走廊内或楼梯间附近。

2. 机房勘查

勘查时应准备好地图、数码相机、地阻仪、卷尺、万用表、罗盘、手持GPS、激光测距仪、望远镜和相关的工程合同、工程界面、网络规划报告、工程勘查计划、工程勘查报告、环境验收报告等物品。

基站机房的位置和里面的各项设施是否齐全必须在勘查时予以确认。勘查内容包括环境勘查、配套设施勘查、线缆勘查3个方面。机房勘查需注意以下一些问题：

(1) 机房应避免放置于地下室或潮湿地点，同时禁止设置在设备进出口过小、搬运不便之地，应保留或设计足够大型设备的出入口。同时也应注意将来设备扩充的空间位置，电力系统、空调设备计算上也要预留未来若干年内的扩充需求。

(2) 应避开电磁场、电力噪声、腐蚀性气体或易燃物、湿气、灰尘等其他有害环境。

(3) 需注意机房楼面承受力的问题，比较重的设备，需往建筑物外围或以柱子与大楼桁梁为中心放置，以免楼板面承受力不足。机房的承重要求每平方米大于450 kg。

(4) 机房严禁靠近水源或墙壁内部有水源管路经过机房顶部及底部，如有大楼消防管路通过，需修改或封闭，使用独立型消防系统。

(5) 机房内部不宜阳光直接照射，以免产生不必要的热能，增加电力负载。空调设备需采用下吹式恒温恒湿空调机组，水冷式空调机组需采用独立管路，不得与大楼水塔连接。机房温度要求建议长期保持在 +5 ~ +30 ℃；机房湿度要求建议长期保持在40% ~ 65%。

(6) 根据事前取得的资料、工程设计图等来得到机房在站点的具体位置（几楼、高度）；在勘查中取得与天线设立位置的方位关系以及距离的远近。

(7) 勘查时往往还没有安装设备，首先要对房间和楼梯的位置距离，楼道的宽度、层高，房间内原有的门窗等进行测量，查看是否要进行改造来适应设备搬入的要求。

(8) 对房间的大小、高度进行测量（最小的房间高度至少为1 700 mm）。由于Node B的放置对主设备和前侧的墙壁的距离（750 mm）、侧面的墙壁（500 mm）和后侧墙壁的距离（100 mm）均有一定的要求（便于进行操作维护及考虑空气流通），所以对房间的测量要验证这些数据是否满足安装的要求。

(9) 确认房间的地面是否要铺设地板，有没有防静电的措施，对Node B放置的地方是否需要新的铺垫物。如果使用的是防静电地板，则需测量水泥地板到防静电地板的尺寸，且所有的机架需要钢筋底座。

(10) 确定商用交流电的位置，确认RECT（整流器）的位置和容量，测量电源电缆的走线距离（从RECT到Node B）。机房须安装220 V交流电源插座，供机房设备安装维护时使用，并注意插座的接口型号。

(11) 确认密封蓄电池组的位置和容量。

(12) 根据事先取得的资料确定走线架的位置和走向；测量电缆走线架的端墙连接，离机房地板的高度，走线架的长度、宽度；测量电缆走线架距离主设备顶端的垂直距离。

(13) 确认接地排的位置，测量地线的走线距离。

(14) 确认分配线架/数字配线架的方位，测量其离地高度和走线架的垂直距离及走线距离。

(15) 确认机房是否需要新开馈线洞，馈线洞的规格、方位，测量馈线洞的高度和大小。

(16) 确认空调的数量和位置，确认照明情况，应有足够的电力供应。

总　结

　　勘查是工程设计工作的重要环节，勘查后所得到的资料是设计的基础。通过现场实地勘查，获取工程设计所需要的各种业务、技术和经济方面的有关资料，并在全面调查研究的基础上，结合初步拟定的工程设计方案，会同有关专业和单位，认真进行分析、研究、讨论，为确定具体设计方案提供准确和必要的依据。

　　在通信网络中，通信机房包括终端站机房、中继站机房、转接站机房以及枢纽站机房等。对于大型通信站，可以成为一个独立体系，包括传输机房、交换机房、数字机房、监控室、光缆进线室、供电室、油机室、值班室等，此外还有办公室等辅助设施。

　　机房内传输室设备布放一般有矩阵形式布放、面对面形式布放和背靠背形式布放3种形式。

　　现场测绘法就是组织专业测量小分队在现场测定光缆线路的位置；无人中继站的地点；防雷、防白蚁、防机械损伤地段；丈量光缆路由地面的长度。然后绘制出包括上述内容和地形、地物、重要目标在内的施工图。

思考题

1. 现场勘察前的准备工作有哪些？
2. 机房勘察应该注意哪些问题？
3. 怎样进行直线测量？
4. 绘制机房平面图应注意哪些要素？

项目实训

1. 测绘一份你所在学校及周边的地形分布图。
2. 拟定你所在学校的校园光网络路由选择方案。
3. 绘制无线基站机房走线架安装平面图（见图4-3-3）。

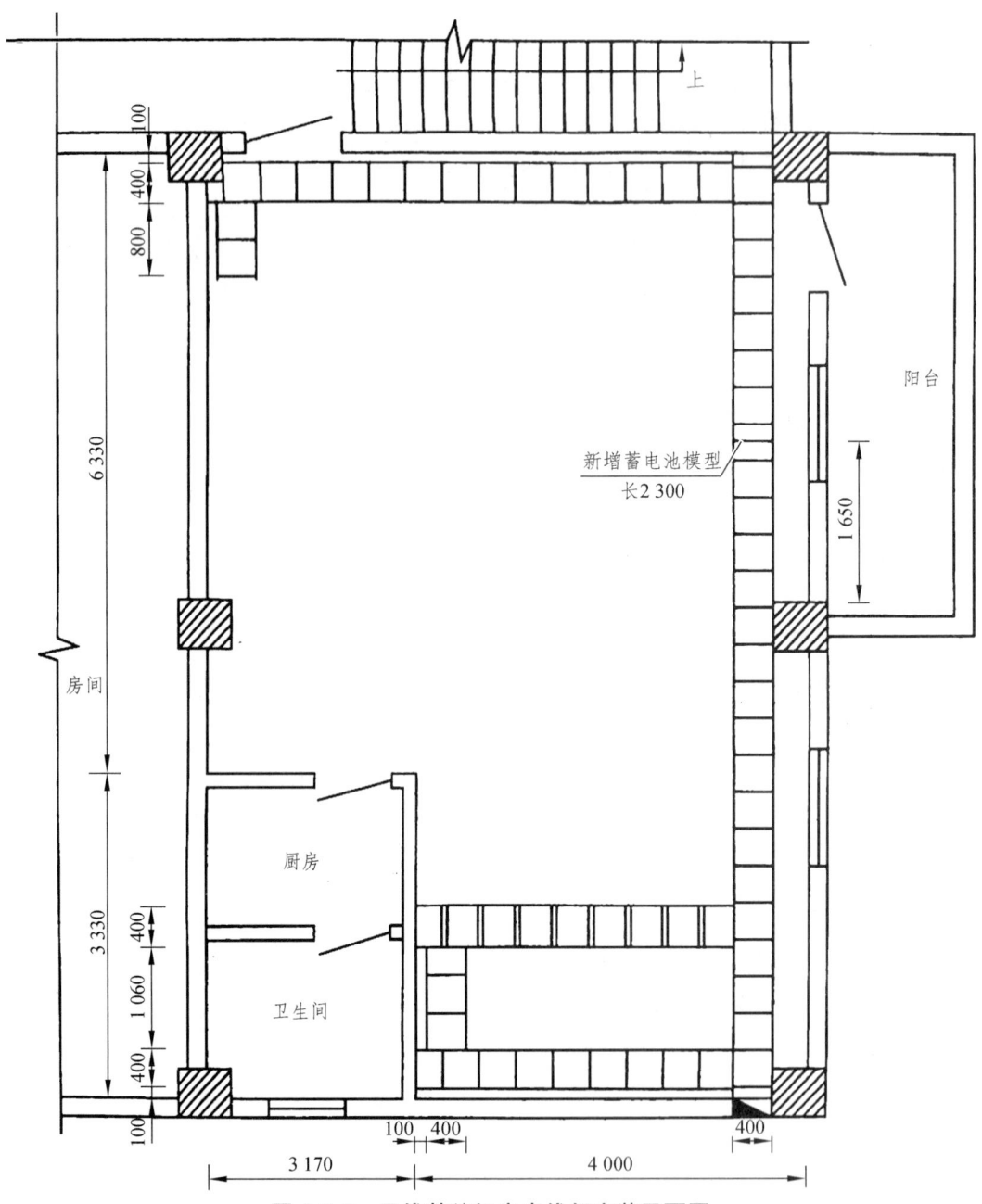

图 4-3-3 无线基站机房走线架安装平面图

项目五　通信工程施工图绘制要求

项目学习任务

任务一　施工图绘制要求及注意事项
任务二　施工图设计阶段图纸应达到的深度

任务一　施工图绘制要求及注意事项

一、绘制线路施工图的要求

绘制线路施工图的要求如下：

① 线路图中必须有图框。

② 线路图中必须有指北针。

③ 如需要反映工程量，要在图纸中绘制工程量表。

二、绘制机房平面图的要求

绘制机房平面图的要求如下：

① 机房平面图中内墙的厚度规定为 240 mm。

② 机房平面图中必须有出入口，如门。

③ 必须按图纸要求尺寸将设备画进图中。

④ 图纸中如有馈孔，须将馈孔加进去。

⑤ 在图中主设备上加尺寸标注（图中必须有主设备尺寸以及主设备到墙的尺寸）。

⑥ 平面图中必须标有"××层机房"字样。

⑦ 平面图中必须有指北针、图例、说明。

⑧ 机房平面图中必须加设备配置表。

⑨ 根据图纸、配置表将编号加进设备中。

⑩ 要在图纸外插入标准图衔，并根据要求在图衔中加注单位比例、设计阶段、日期、图名和图号等。

注意：建筑平面图、平面布置图及走线架图必须在单位比例中加入单位毫米（mm）。

三、图纸绘制中的常见问题

通信建设工程设计中一般包括以下几大部分：设计说明、概预算说明及表格、附表、图纸。当完成一项工程设计时，在绘制工程图方面，根据以往的经验，常会出现以下问题：

① 图纸说明中序号会排列错误。
② 图纸说明中缺标点符号。
③ 图纸中出现尺寸标注字体不统一或标注太小。
④ 图纸中缺少指北针。
⑤ 平面图或设备走线图在图衔中缺少单位（mm）。
⑥ 图衔中图号与整个工程编号不一致。
⑦ 前后图纸编号顺序有问题。
⑧ 图衔中图名与目录不一致。
⑨ 图纸中内容颜色有深浅之分。

任务二　施工图设计阶段图纸应达到的深度

一、有线通信线路工程

有线通信线路工程施工图设计阶段图纸内容及应达到的深度如下：

（1）批准初步设计线路路由总图。

（2）长途通信线路敷设定位方案的说明，并附在比例为1∶2 000的测绘地形图上绘制线路位置图，标明施工要求，如埋深、保护段落及措施、必须注意的施工安全地段及措施等；地下无人站内设备安装及地面建筑的安装建筑施工图；光缆进城区的路由示意图和施工图及进线室平面图、相关机房平面图等。

③ 线路穿越各种障碍点的施工要求及具体措施。每个较复杂的障碍点应单独绘制施工图。

④ 水线敷设、岸滩工程、水线房等施工图及施工方法说明。水线敷设位置及埋深应以河床断面测量资料为依据。

⑤ 通信管道、人孔、手孔、光（电）缆引上管等的具体定位位置及建筑形式，孔内有关设备的安装施工图及施工要求；管道、人孔、手孔结构及建筑施工采用定型图纸，非定型设计应附结构及建筑施工图；对于有其他地下管线或障碍物的地段，应绘制剖面设计图，标明其交点位置、埋深及管线外径等。

⑥ 长途线路的维护区段划分、巡房设置地点及施工图（巡房建筑施工图另由建筑设计单位编发）。

⑦ 本地线路工程还应包括配线区划分、配线光（电）缆线路路由及建筑方式、配线区设备配置地点位置设计图、杆路施工图、用户线路的割接设计和施工要求的说明。施工图应附中继、主干光缆和电缆、管道等的分布总图。

⑧ 枢纽工程或综合工程中有关设备安装工程进线室铁架安装图、电缆充气设备室平面布置图、进局光（电）缆及成端光（电）缆施工图。

二、通信设备安装工程

通信设备安装工程施工图设计阶段图纸内容及应达到的深度如下：

（1）数字程控交换工程设计：应附市话中继方式图、市话网中继系统图、相关机房平面图。

（2）微波工程设计：应附全线路由图、频率极化配置图、通路组织图、天线高度示意图、监控系统图、各种站的系统图、天线位置示意图及站间断面图。

（3）干线线路各种数字复用设备、光设备安装工程设计：应附传输系统配置图、远期及近期通路组织图、局站通信系统图。

（4）移动通信工程设计。

① 移动交换局设备安装工程设计：应附全网网络示意图、本业务区网络组织图、移动交换局中继方式图、网络同步图。

② 基站设备安装工程设计：应附全网网络结构示意图、本业务区通信网络系统图、基站位置分布图、基站上下行传输损耗示意方框图、机房工艺要求图、基站机房设备平面布置图、天线安装及馈线走向示意图、基站机房走线架安装示意图、天线铁塔示意图、基站控制器等设备的配线端子图、无线网络预测图纸。

（5）寻呼通信设备安装工程设计：应附网络组织图、全网网络示意图、中继方式图、天线铁塔位置示意图。

（6）供热、空调、通风设计：应附供热、集中空调、通风系统图及平面图。

（7）电气设计及防雷接地系统设计：应附高、低压电供电系统图，变配电室设备平面布置图。

总　结

绘制线路施工图，要求必须有图框、指北针、工程量表。绘制机房平面图墙的厚度规定为 240 mm，机房平面图中必须有出入口，必须按图纸要求尺寸将设备画进图中；图纸中如有馈孔，须将馈孔加进去；在图中主设备上加尺寸标注，必须标有"××层机房"字样；必须有指北针、图例、说明；必须加设备配置表，根据图纸、配置表将编号加进设备中；要在图纸外插入标准图衔，并根据要求在图衔中加注单位比例、设计阶段、日期、图名和图号等。

思考题

1. 绘制机房平面图有哪些要求？
2. 简述图纸绘制过程中常见的问题。
3. 线路平面图可以用哪几种形式绘制？

项目实训

1. 绘制某通信站点的组成结构图（见图 5-2-1）。

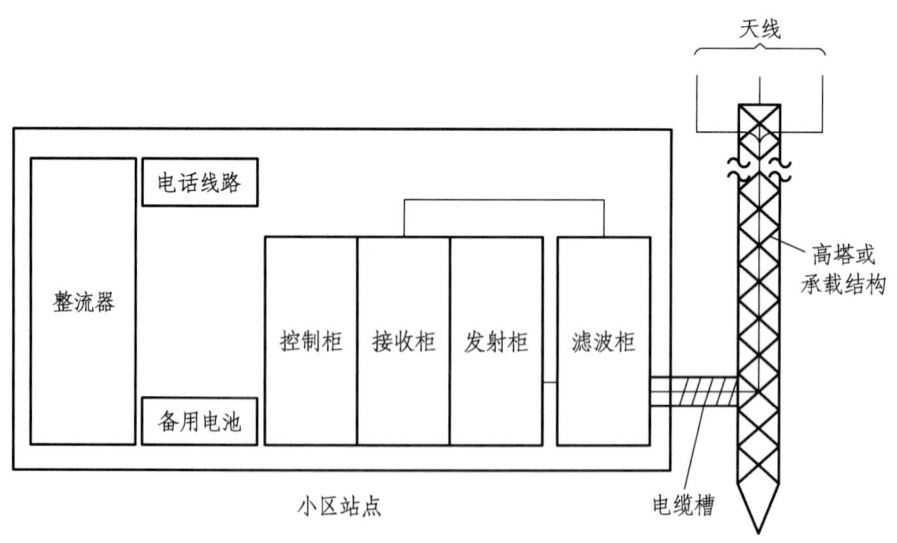

图 5-2-1　某通信站点的组成结构图

2. 绘制机房空调回风系统图（见图5-2-2）。

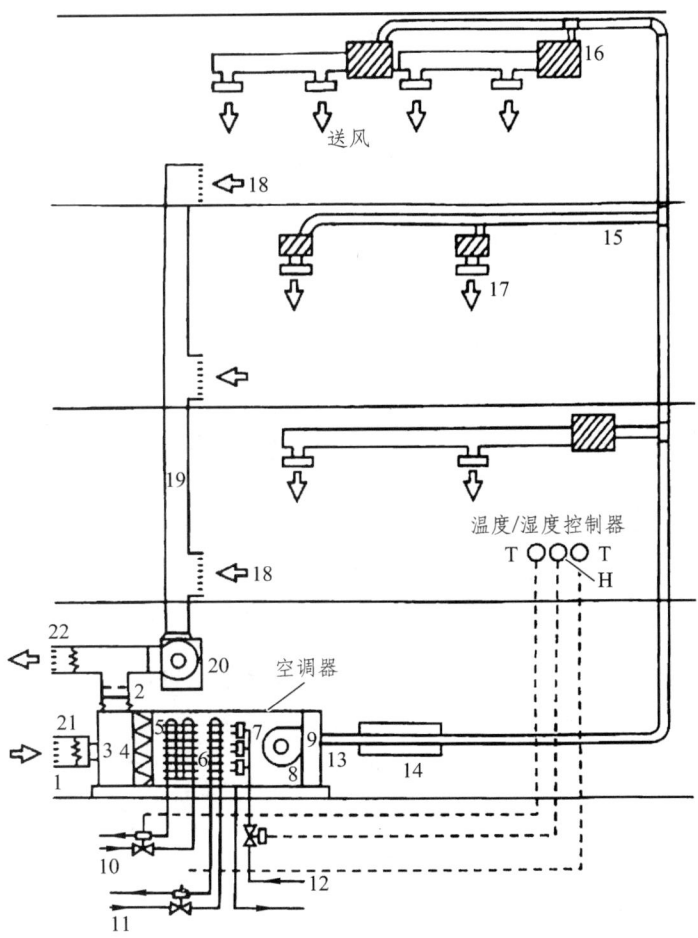

1—新风进口；2—回风进口；3—混合室；4—过滤器；5—空气冷却器；6—空气加热器；7—加湿器；8—风机；
9—空气分配室；10—冷却介质进出；11—加热介质进出；12—加湿介质进；13—主送风管；14，16—消声器；
15—送风支管；17—空气分配器；18—回风；19—回风管；
20—循环风机；21—调风门；22—排风。

图 5-2-2　机房空调回风系统图

项目六 通信工程图例实训

项目学习任务

本项目以若干例图作为实训内容,让读者对通信工程施工图纸绘制有一个较为全面的了解。

(1) 绘制××楼光分配网(ODN)系统图,如图 6-0-1 所示。

(2) 通信线路设计通用图例,如图 6-0-2 所示。

(3) 绘制建专机房平面及走线图,如图 6-0-3 所示。

(4) 绘制楼层光分配箱布置图(冷接型),如图 6-0-4 所示。

(5) 绘制建专机房光纤配线架(ODF)正视图,如图 6-0-5 所示。

(6) 绘制××楼 OND 网络结构图,如图 6-0-6 所示。

(7) 绘制××路由图,如图 6-0-7 所示。

(8) 绘制××楼 ODN 图,如图 6-0-8 所示。

范例:集资楼设备布置平面图,如图 6-0-9 所示。

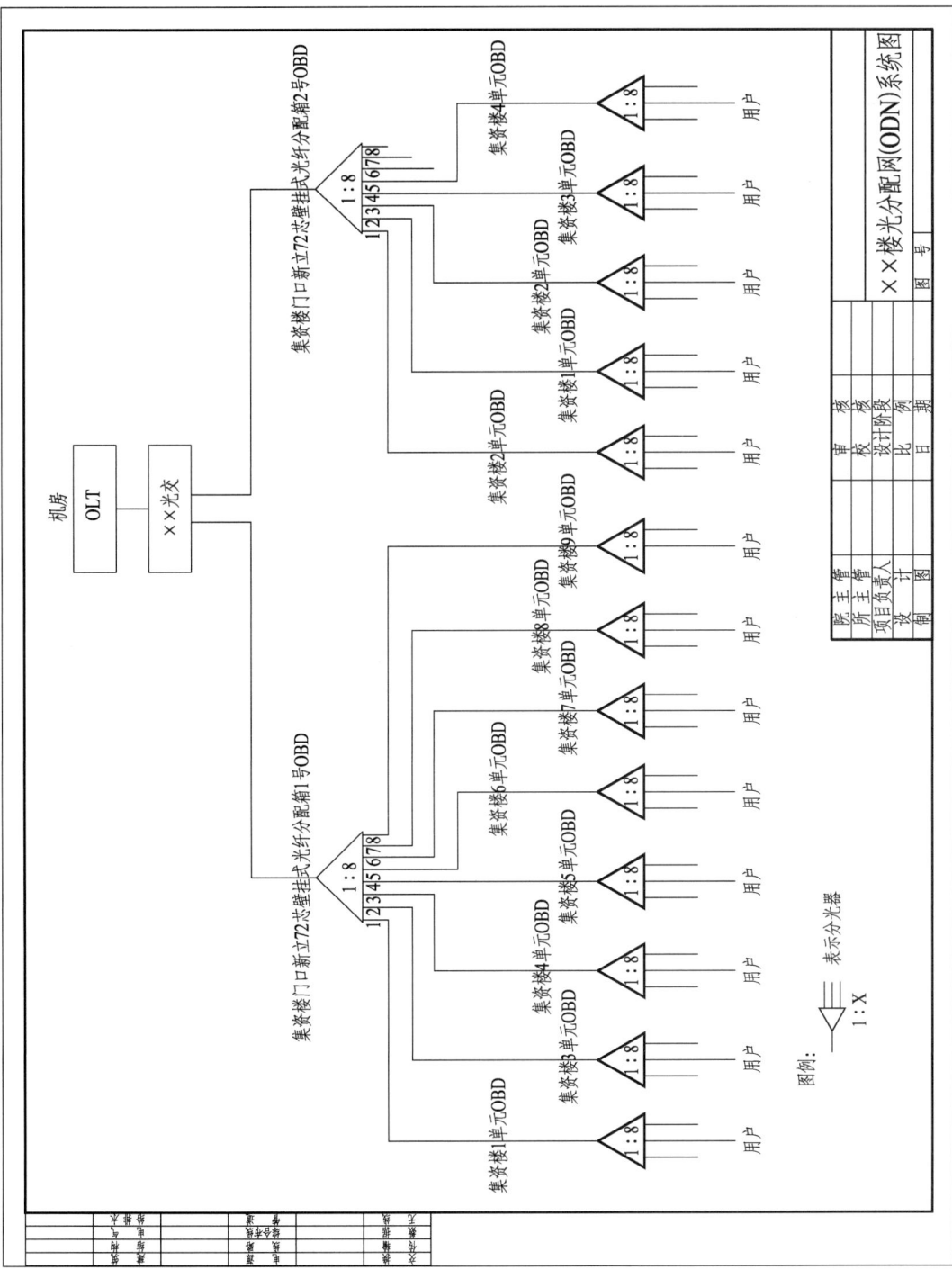

图 6-0-1 ××楼光分配网（ODN）系统图

通用图例

名称	图例	名称	图例
人孔	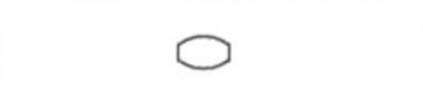 ⬭	单(双)盖手孔	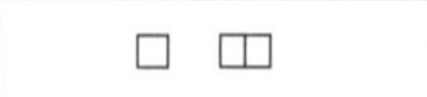 □ ⊟
落地式交接箱	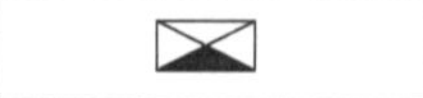 ⊠	壁挂式交接箱	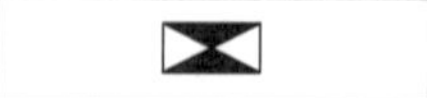 ⊠
架空交接箱	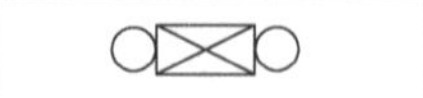 ○⊠○	综合机柜	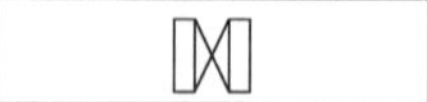 ⋈
原有电信电杆	○	新立电信电杆	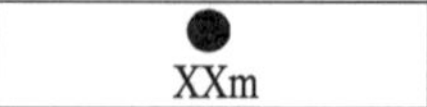 ● XXm
电力方杆	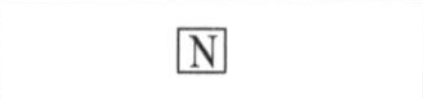 N	其他运营商电杆	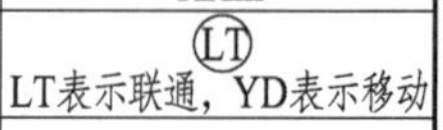 LT表示联通，YD表示移动
电力圆杆	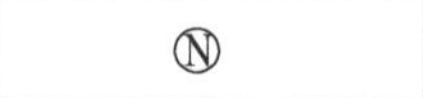 Ⓝ	新开挖管道段落	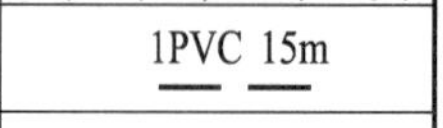 1PVC 15m
光缆	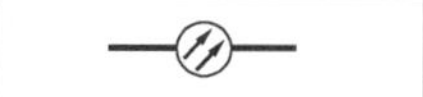 —⊘—	拉线	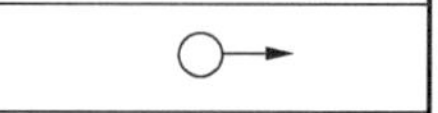 ○—→
撑杆	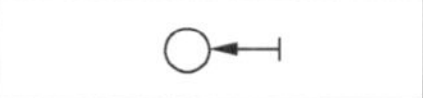 ○—	电缆堵头及气门	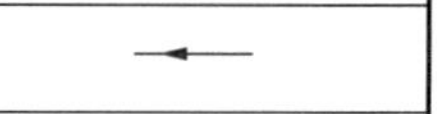 —•
管孔断面图	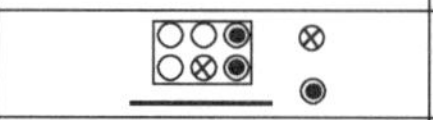 ⦂⦂ ⦂	架空地线	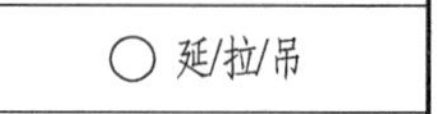 ○ 延/拉/吊
光电缆割接符号	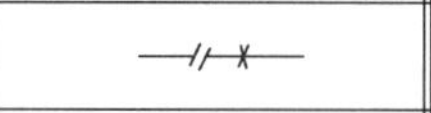 —//—×—	铁路	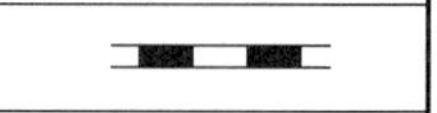 ▬▭▬
公路	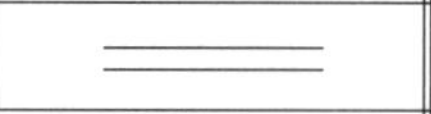 ══	桥梁	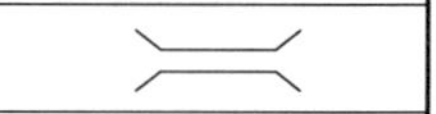 ⟩⟨
人行天桥	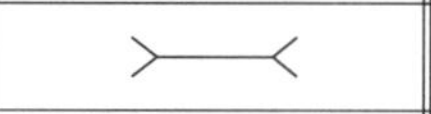 ⟩—⟨	洼地/池塘	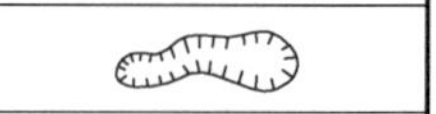 〰〰
电力线	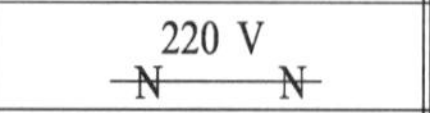 220 V N—∤—N	树林	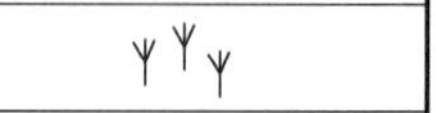 ψ ψ
旱地	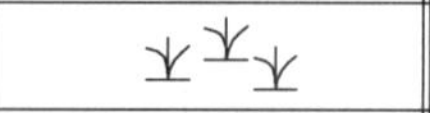 ⊥ ψ ψ	水田	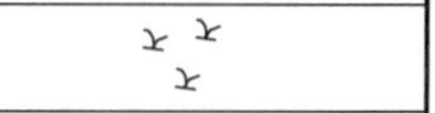 ⋎ ⋏
坟包	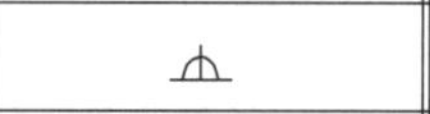 ⌂	建筑物	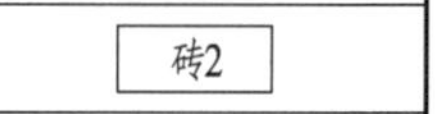 砖2
基站	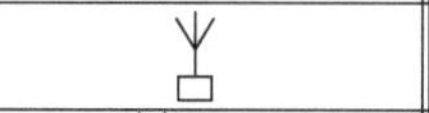 ⊥	通信机房示意	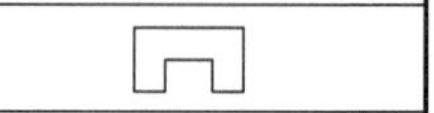 ⊓
墙壁引上	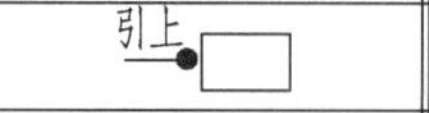 引上 •▭	电杆引上	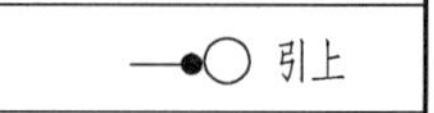 —•○ 引上
接图符号	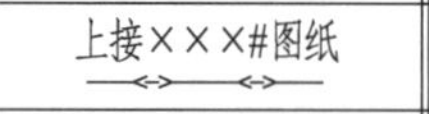 上接×××#图纸	河流	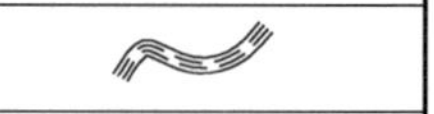 〰〰
小路	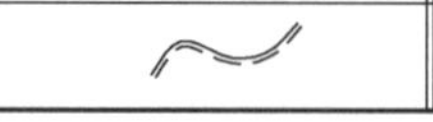 ～～	墙壁	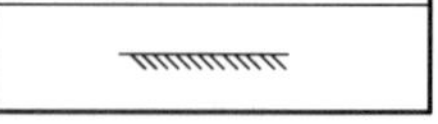 ▨▨▨

备注：表中人(手)孔、交接箱、综合机柜、拉线以及撑杆图例均为现有设备，新建设备用粗线表示。

院主管		审核			
所主管		校核			
项目负责人		设计阶段		通信线路设计通用图例	
设计		比例			
制图		日期		图号	

图 6-0-2 通信线路设计通用图例

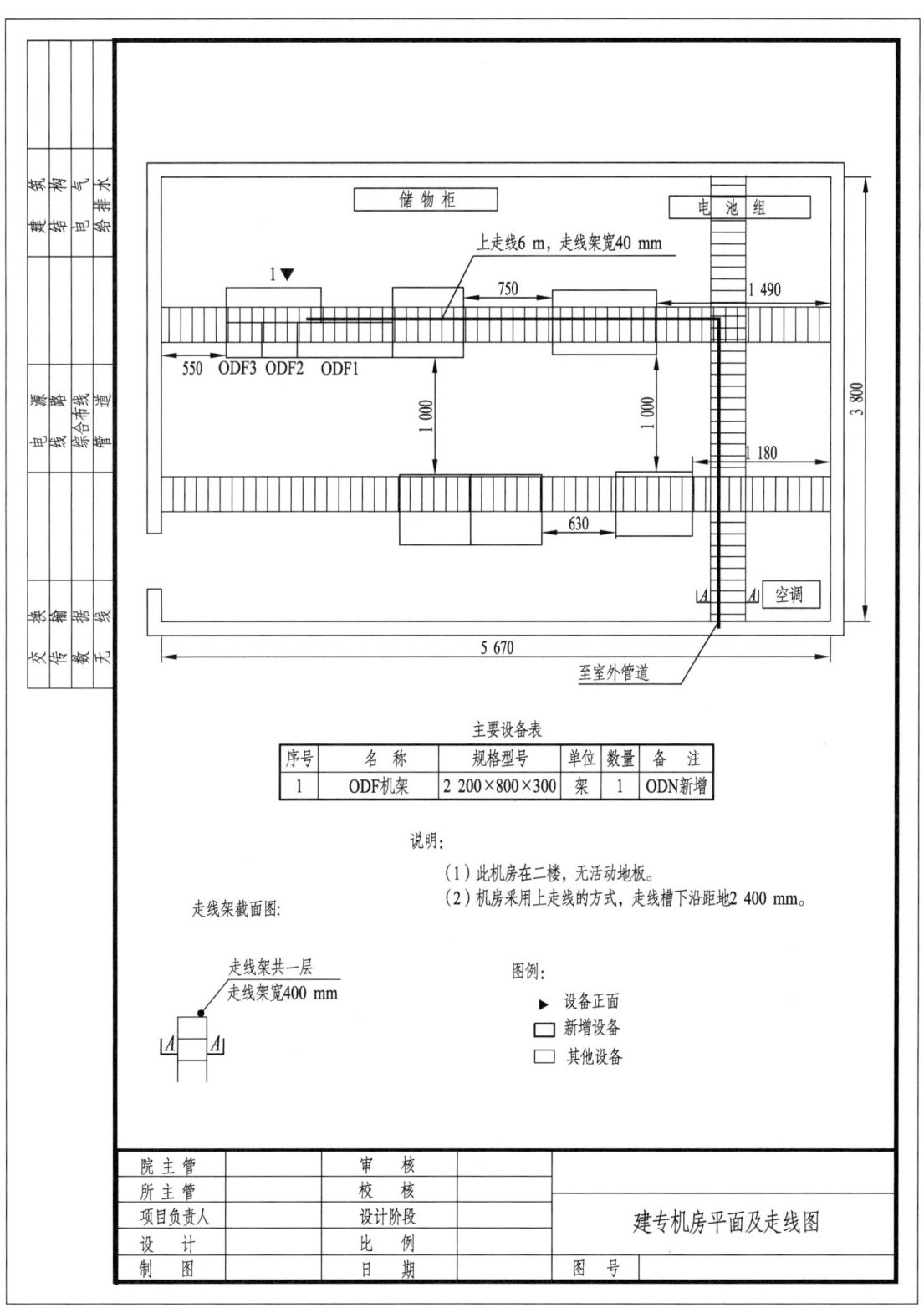

图 6-0-3 建专机房平面及走线图

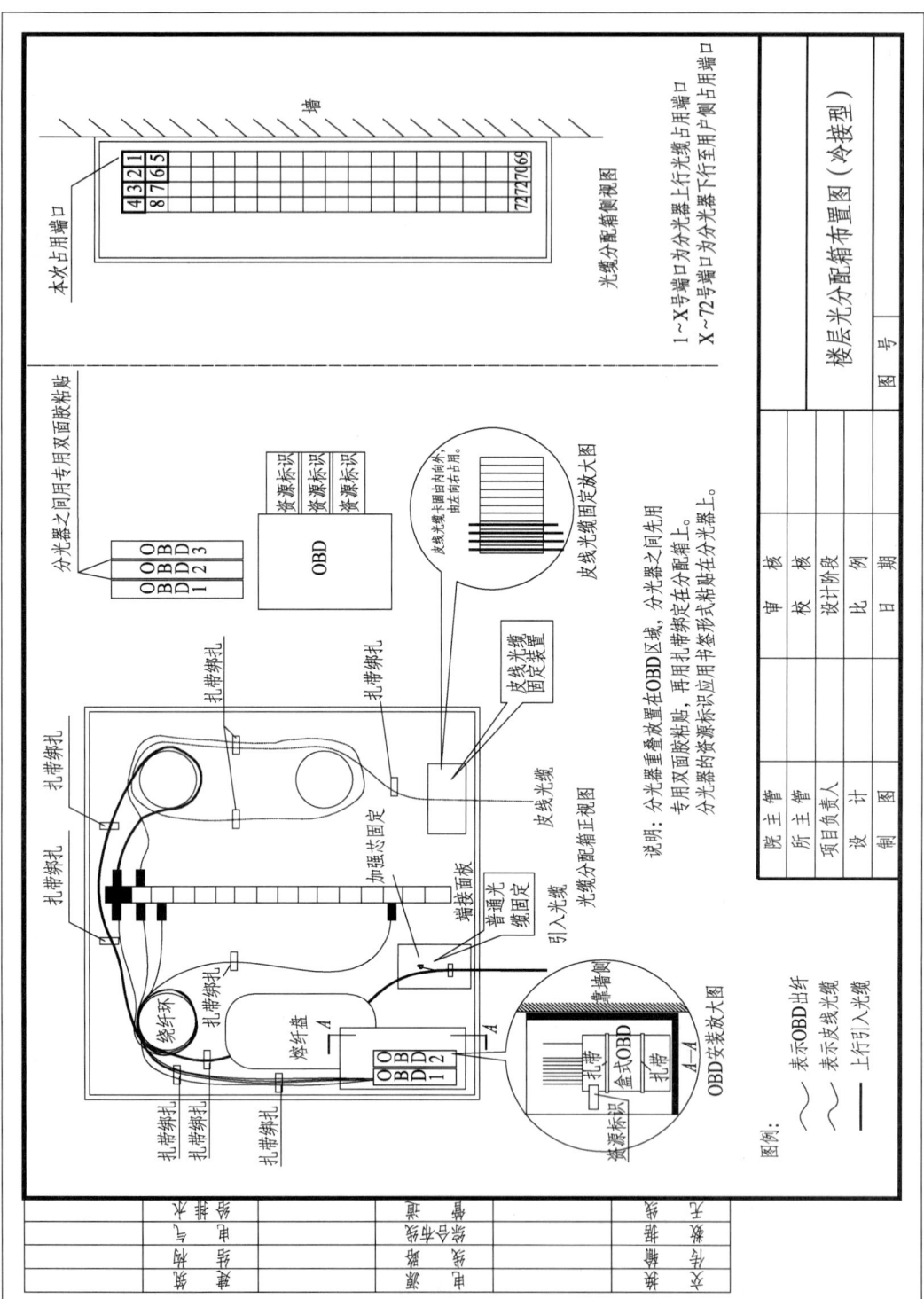

图 6-0-4 楼层光分配箱布置图（冷接型）

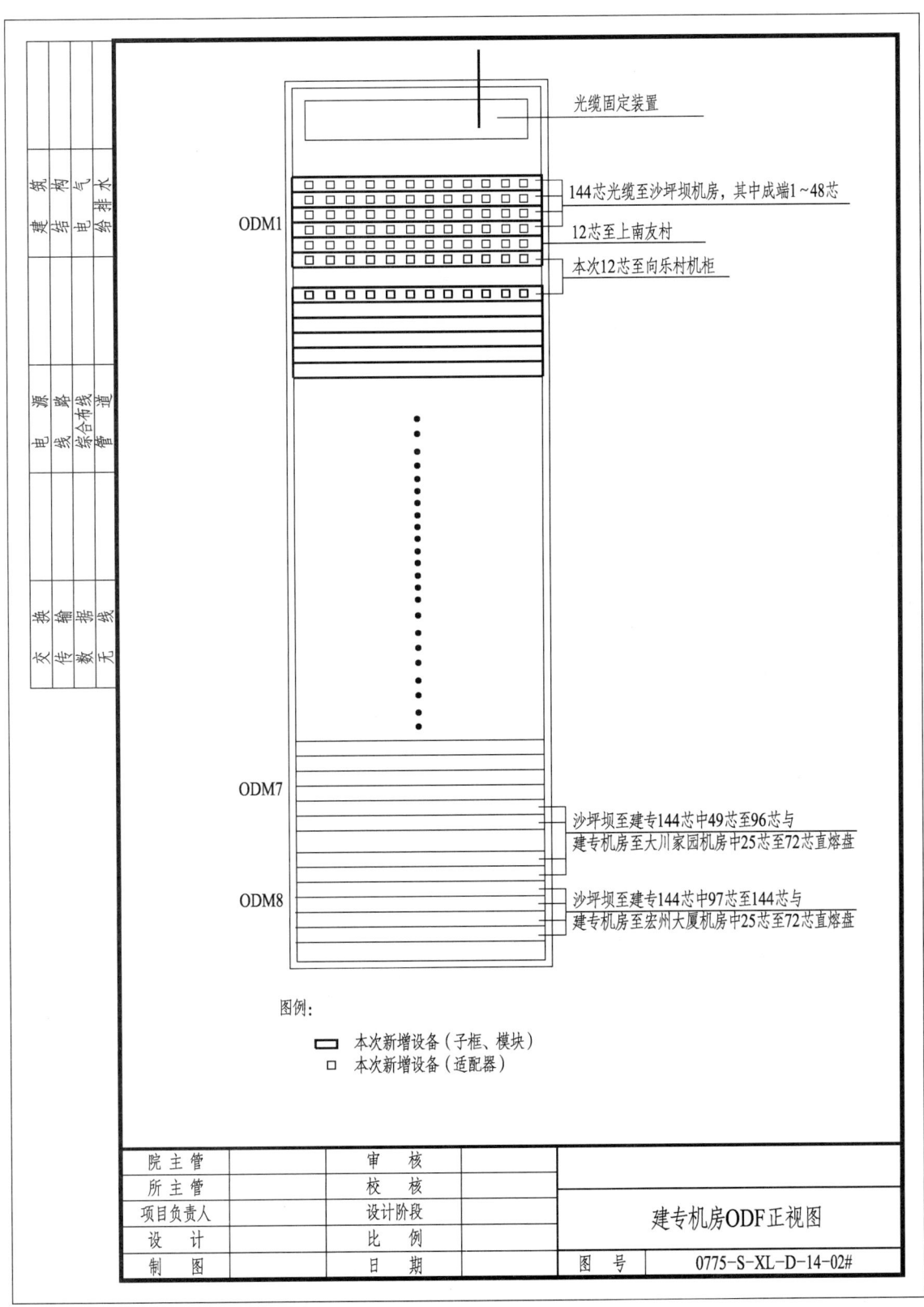

图 6-0-5 建专机房光纤配线架（ODF）正视图

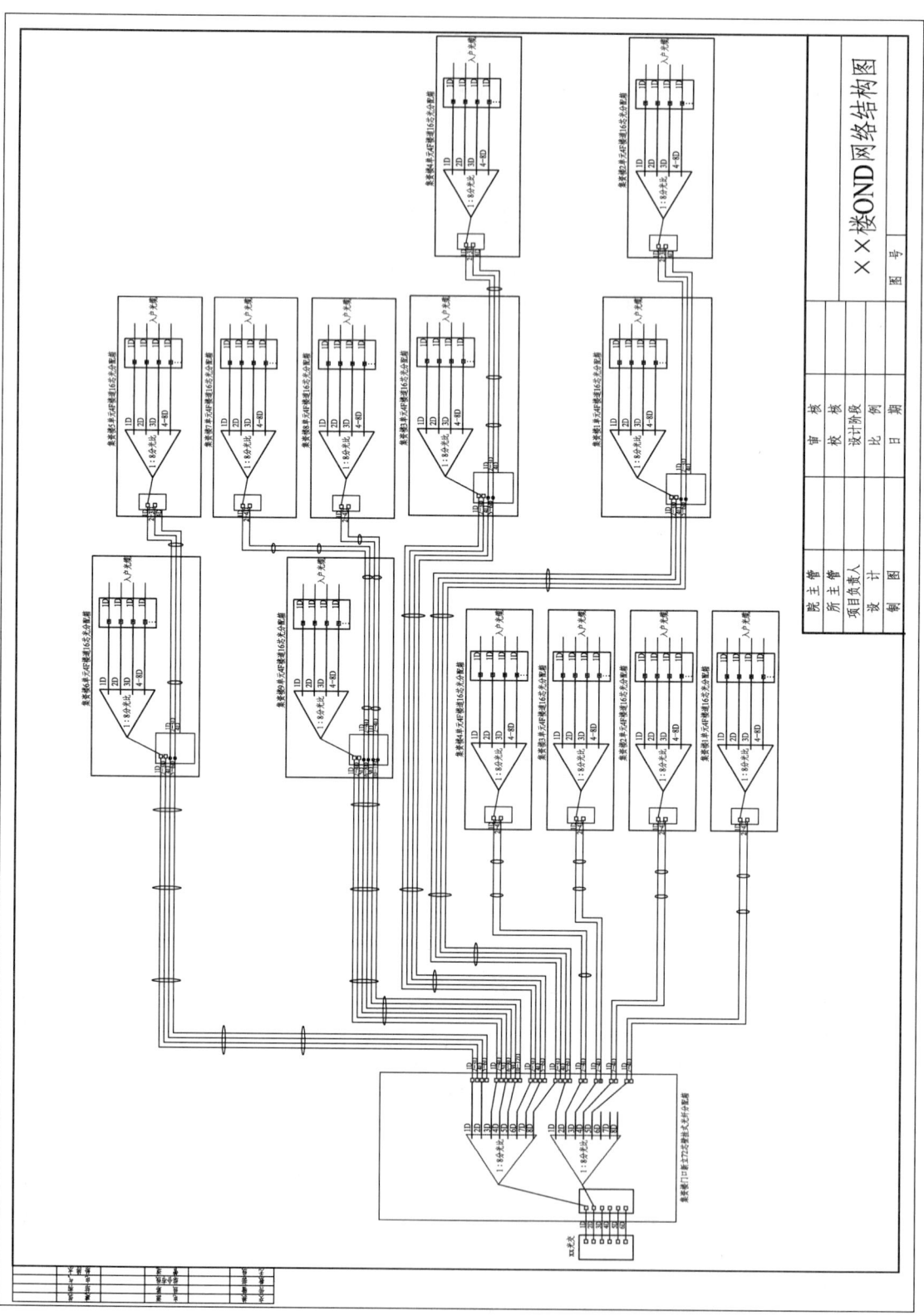

图 6-0-6 ××楼 OND 网络结构图

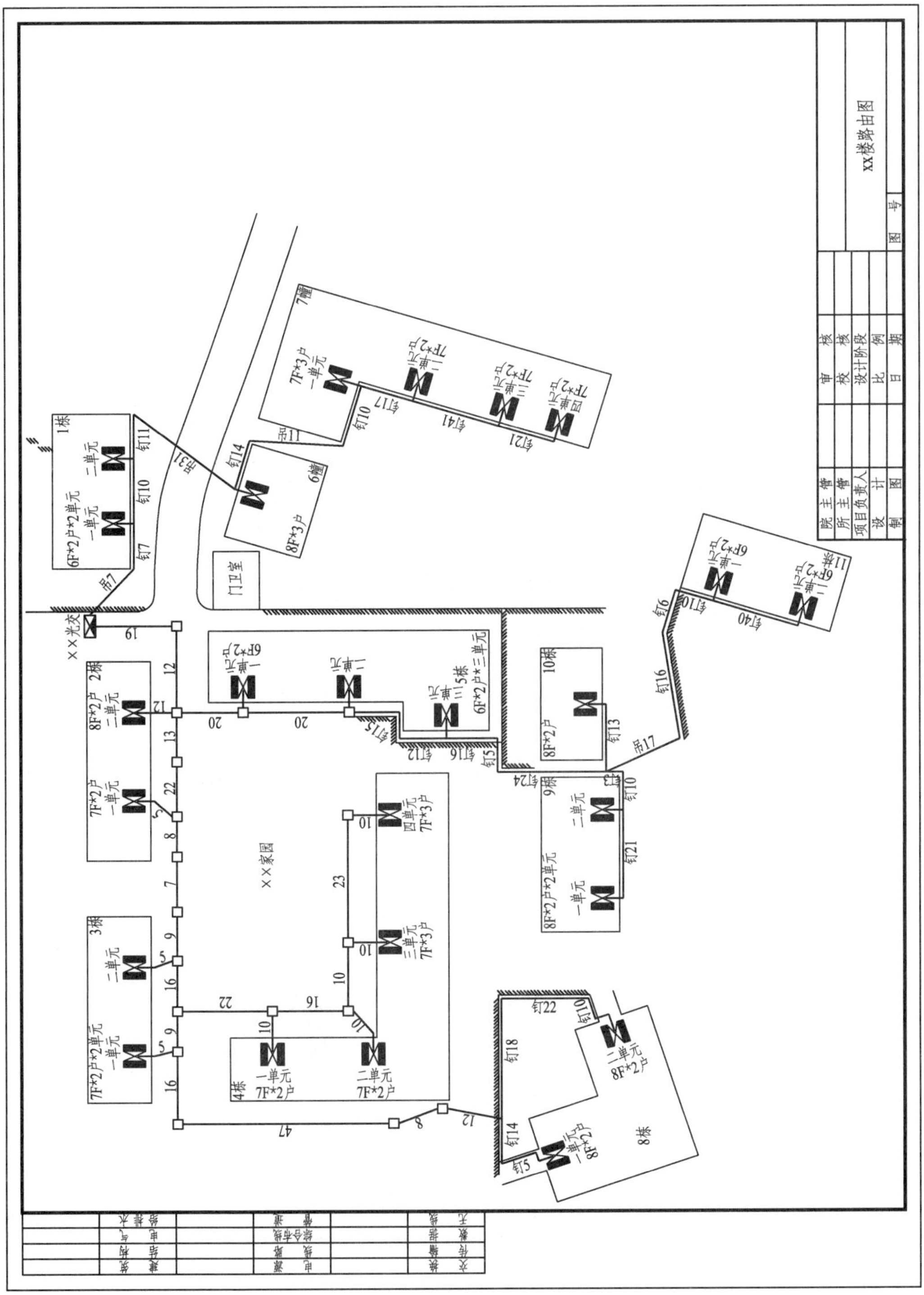

图 6-0-7 ××路由图

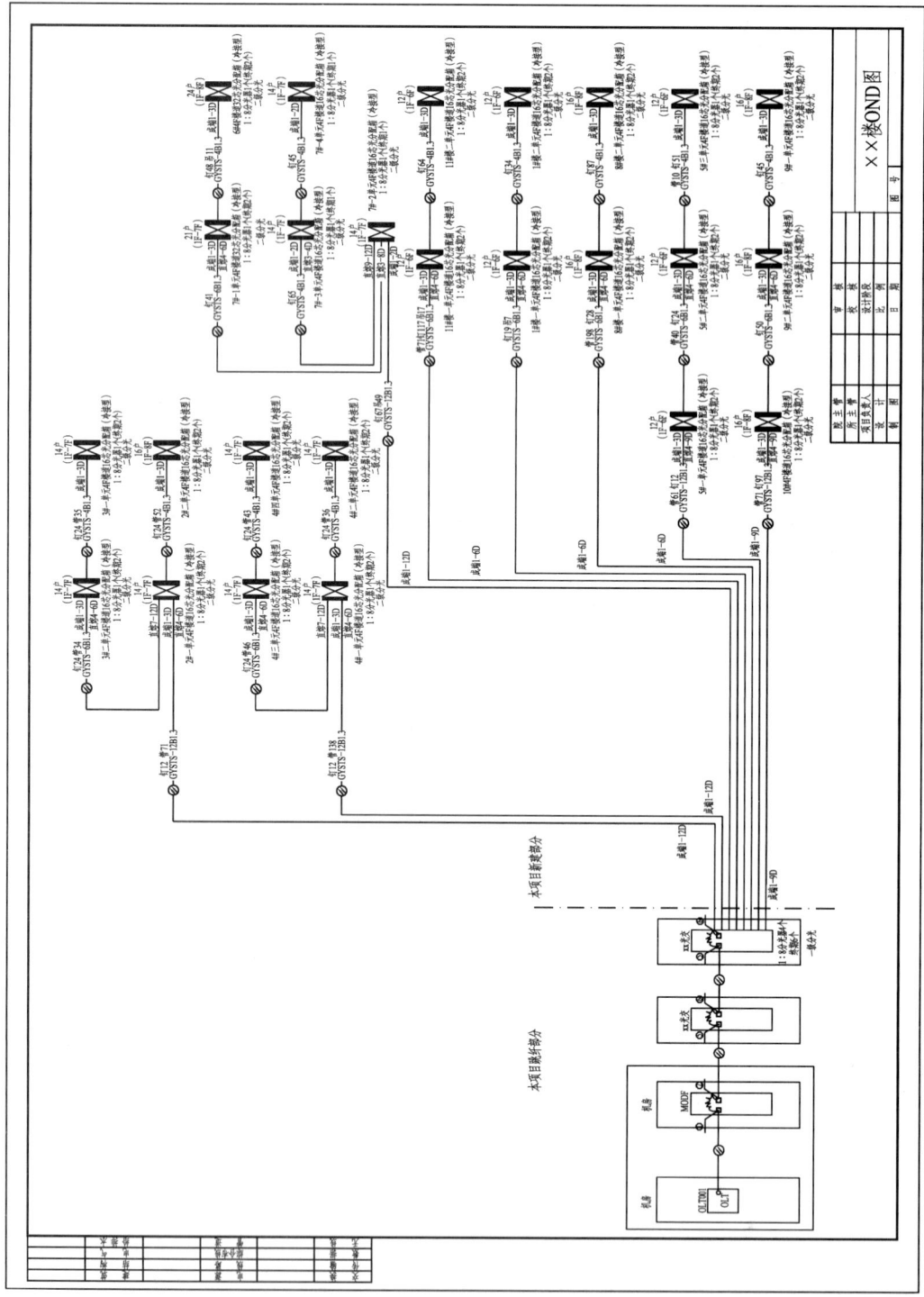

图 6-0-8 ××楼 ODN 图

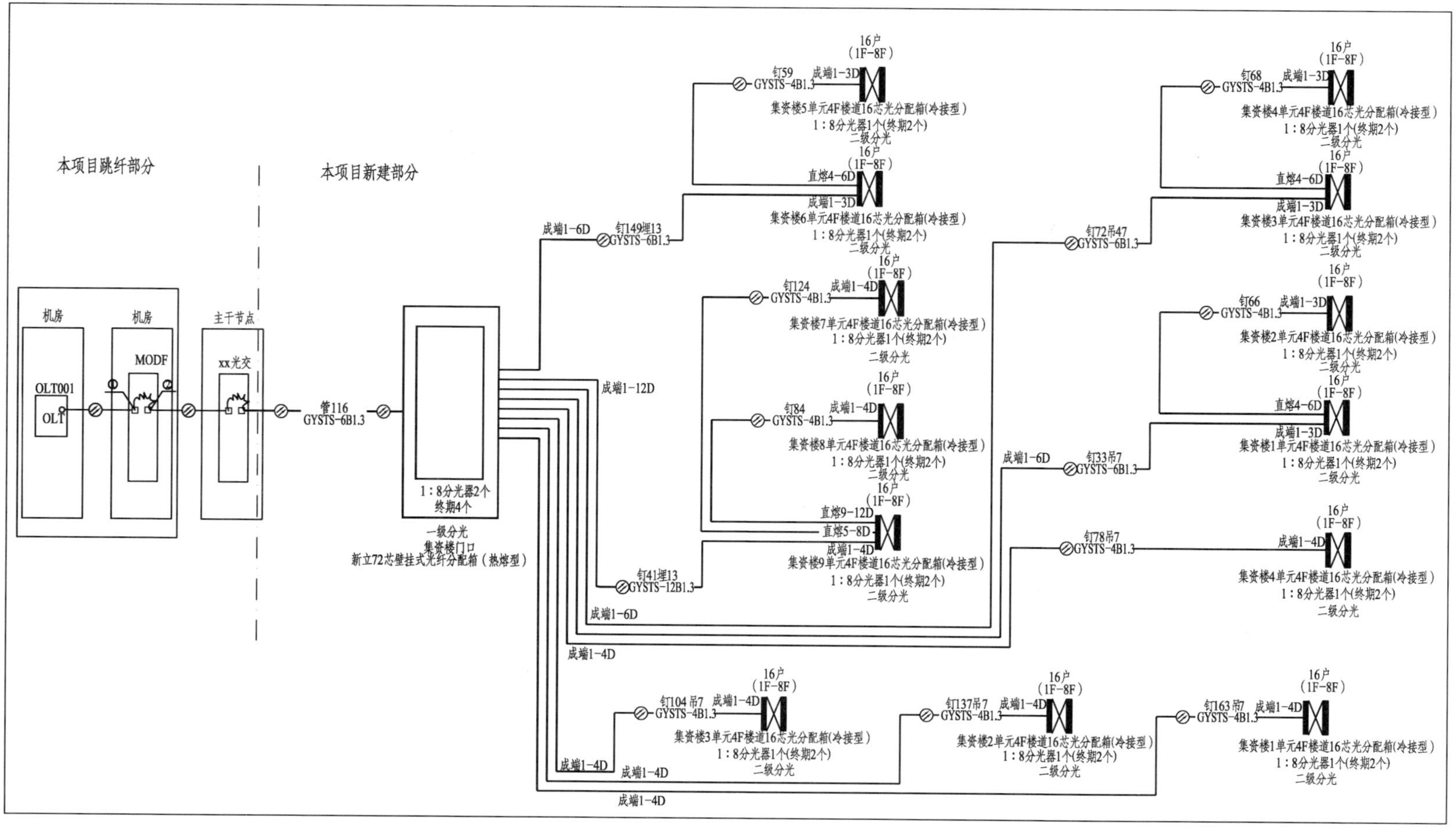

图 6-0-9 集资楼设备布置平面图

总　结

本项目以若干例图作为实训内容，进行实例绘制。

思考题

1. 绘制光分配网（ODN）系统图的注意事项有哪些？
2. 通信线路通用设计图例绘制注意事项有哪些？
3. 绘制机房平面及走线图的注意事项有哪些？

项目实训

完成项目六项目总结。

项目七　无线基站通信工程制图范例

项目学习任务

任务一　LTE 室外站设计图范例
任务二　LTE 室内分布系统设计图范例

任务一　LTE 室外站设计图范例

室外基站设计图，按照建设方要求进行设计图制作。本范例为利旧室外落地三管塔平台建设 LTE（长期演进技术）室外基站，基站配置为 S111，并采用级联方式，天线方向、线缆长度、安装位置根据前期现场勘查报告而制作。本范例包括天面设备安装示意图（俯视图）、天面设备安装示意图（侧视图）、基站系统连接示意图，如图 7-1-1～图 7-1-3 所示。

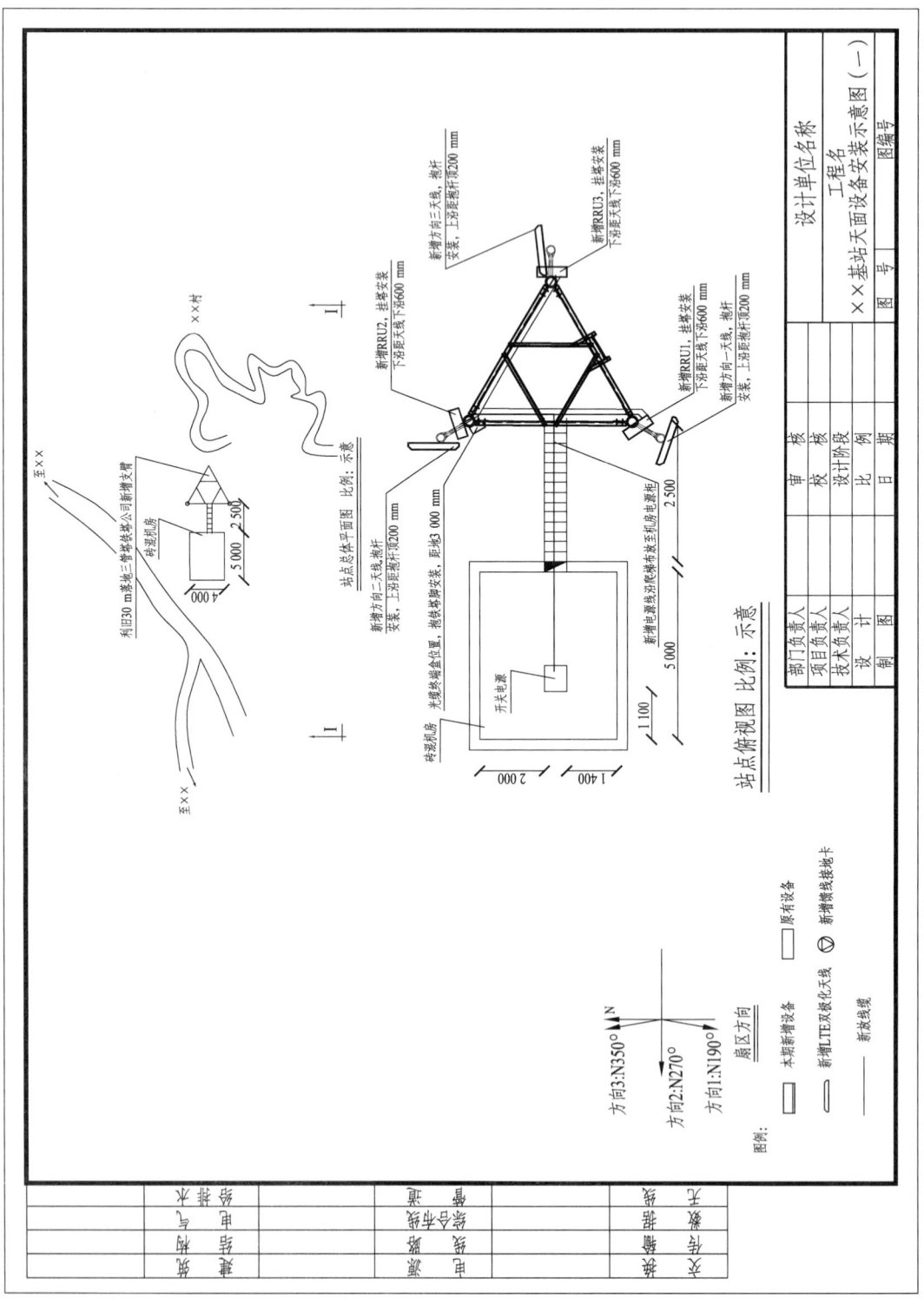

图 7-1-1 天面设备安装示意图(俯视)

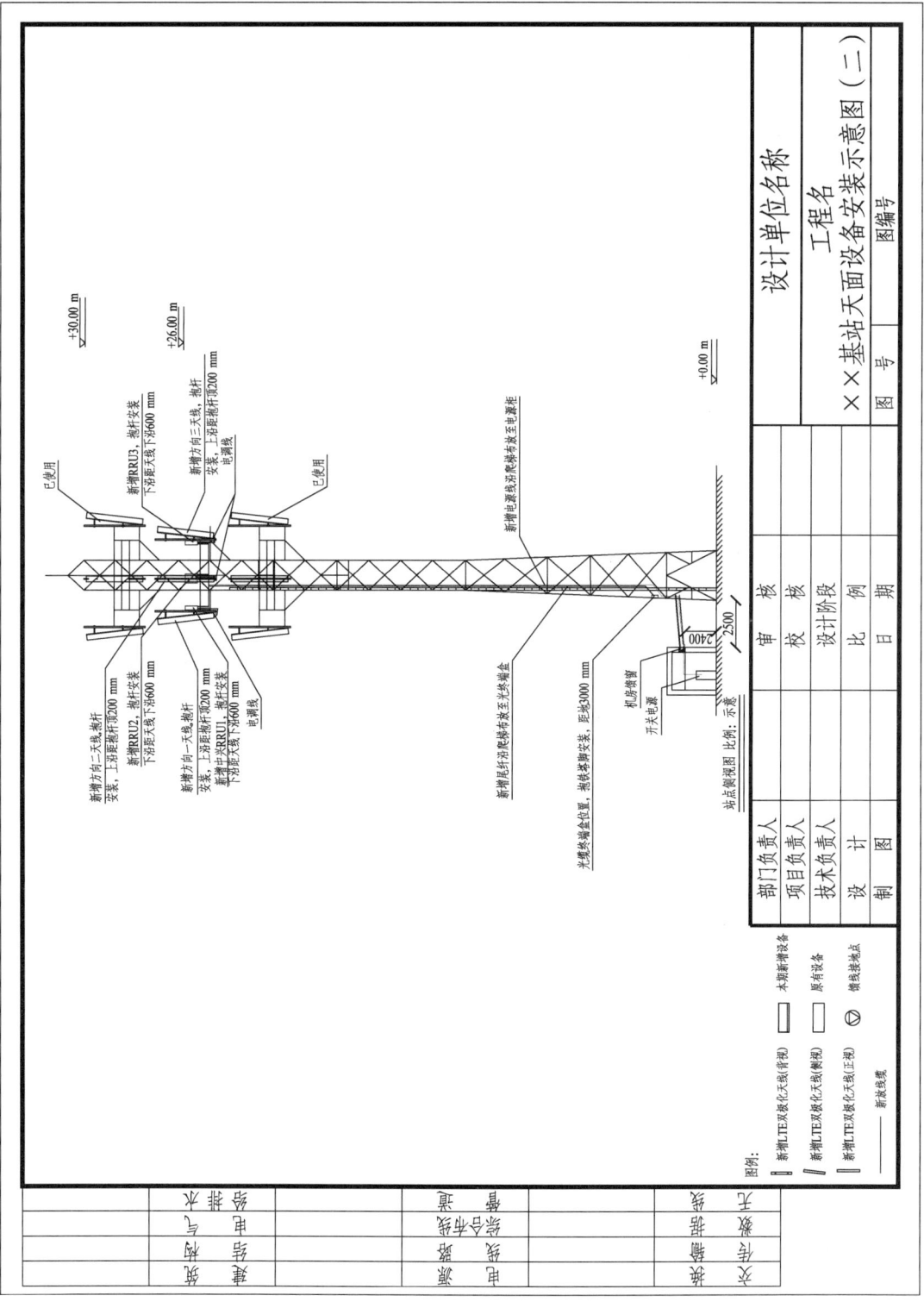

图 7-1-2 天面设备安装示意图（侧视）

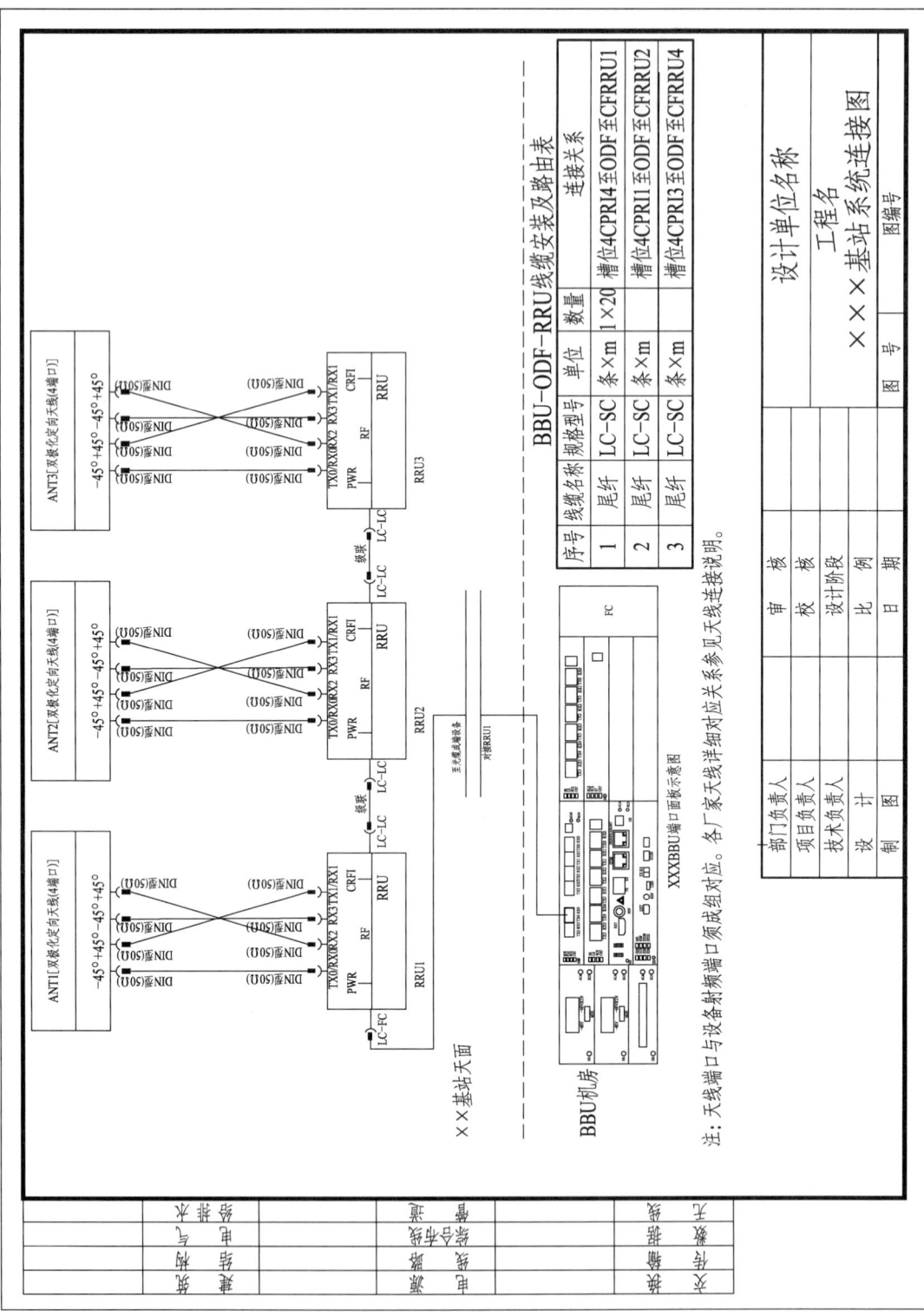

图 7-1-3 基站系统连接示意

任务二 LTE 室内分布系统设计图范例

室内分布系统设计图，按照建设方要求进行设计图制作，本范例为对×××广场地下 3 层进行布建室内分布系统，基站配置为 S1，线缆长度、天线和设备安装位置根据前期现场勘查报告而制作。本范例包括站点位置图、主设备安装图、室内分布系统图、室内布线图等，如图 7-2-1 ~ 图 7-2-7 所示。

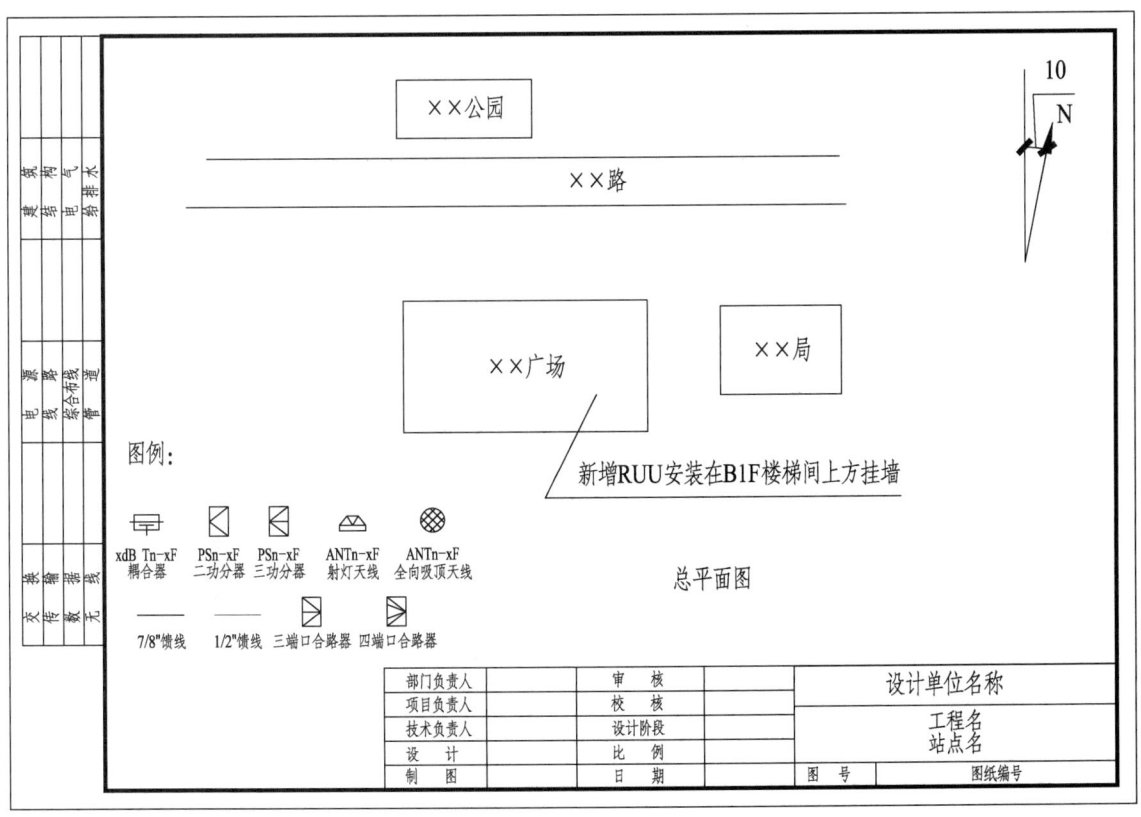

图 7-2-1 站点位置图

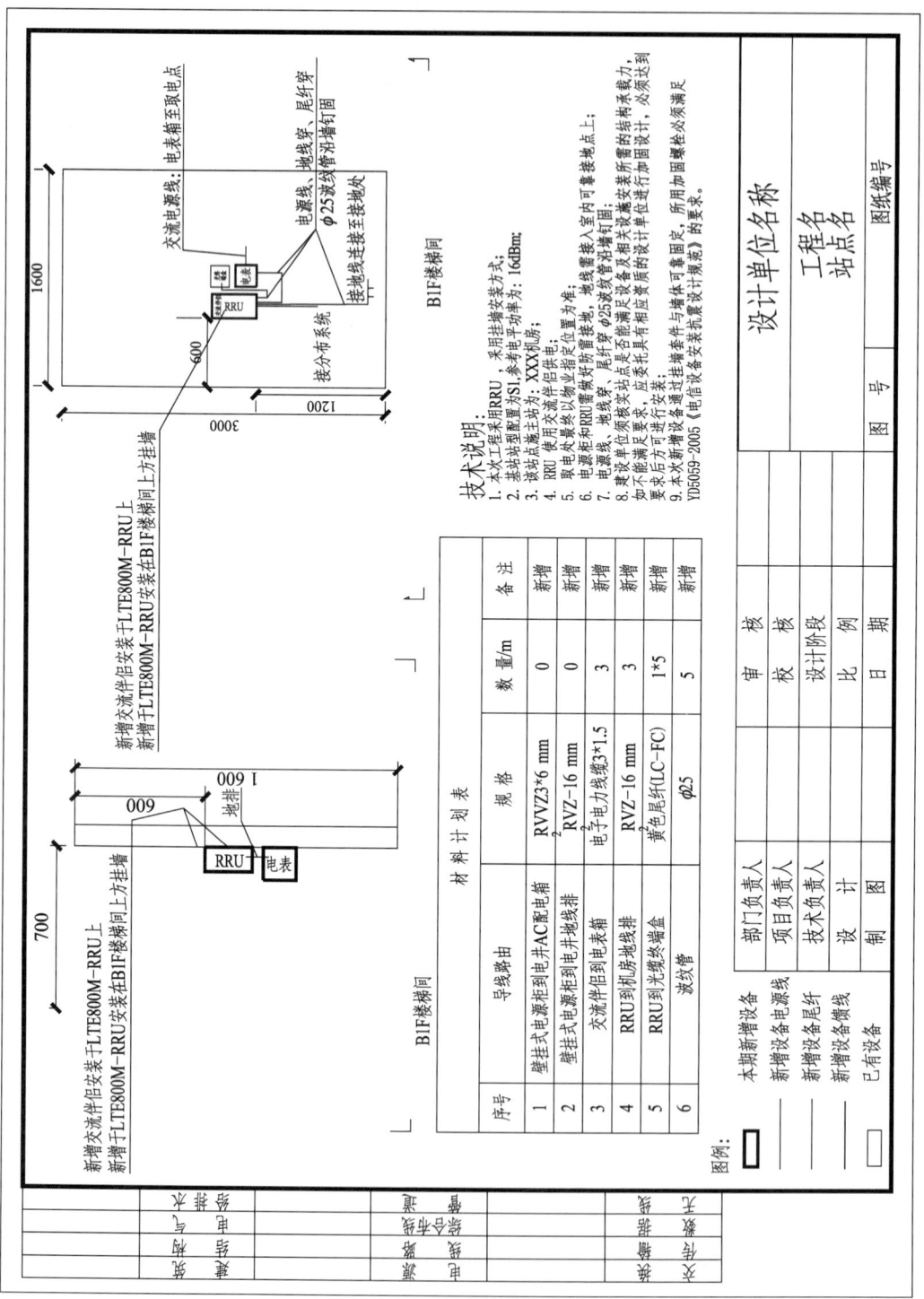

图 7-2-2 主设备安装图

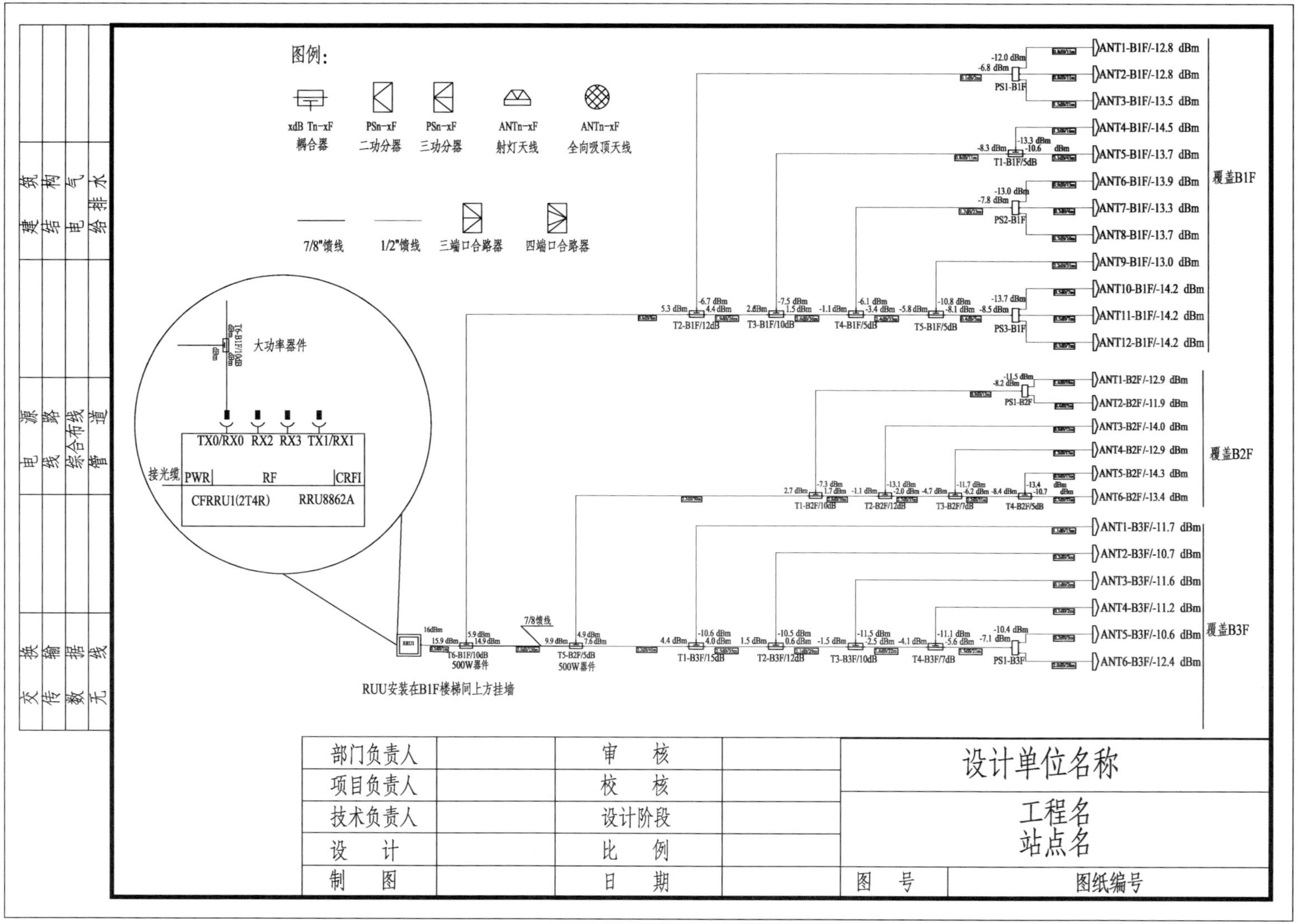

图 7-2-3 室内分布系统图

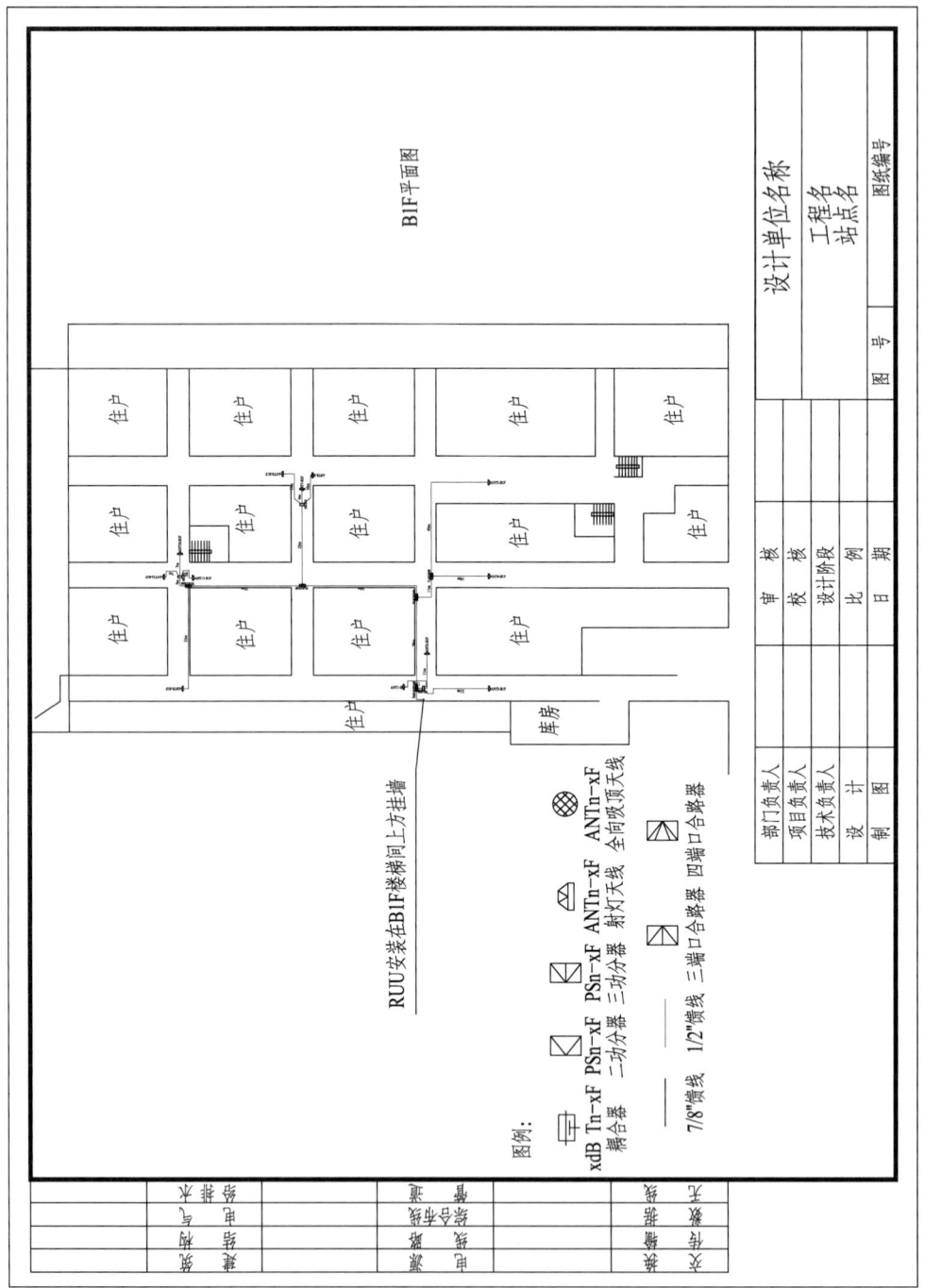

图 7-2-4 B1F 室内布线图

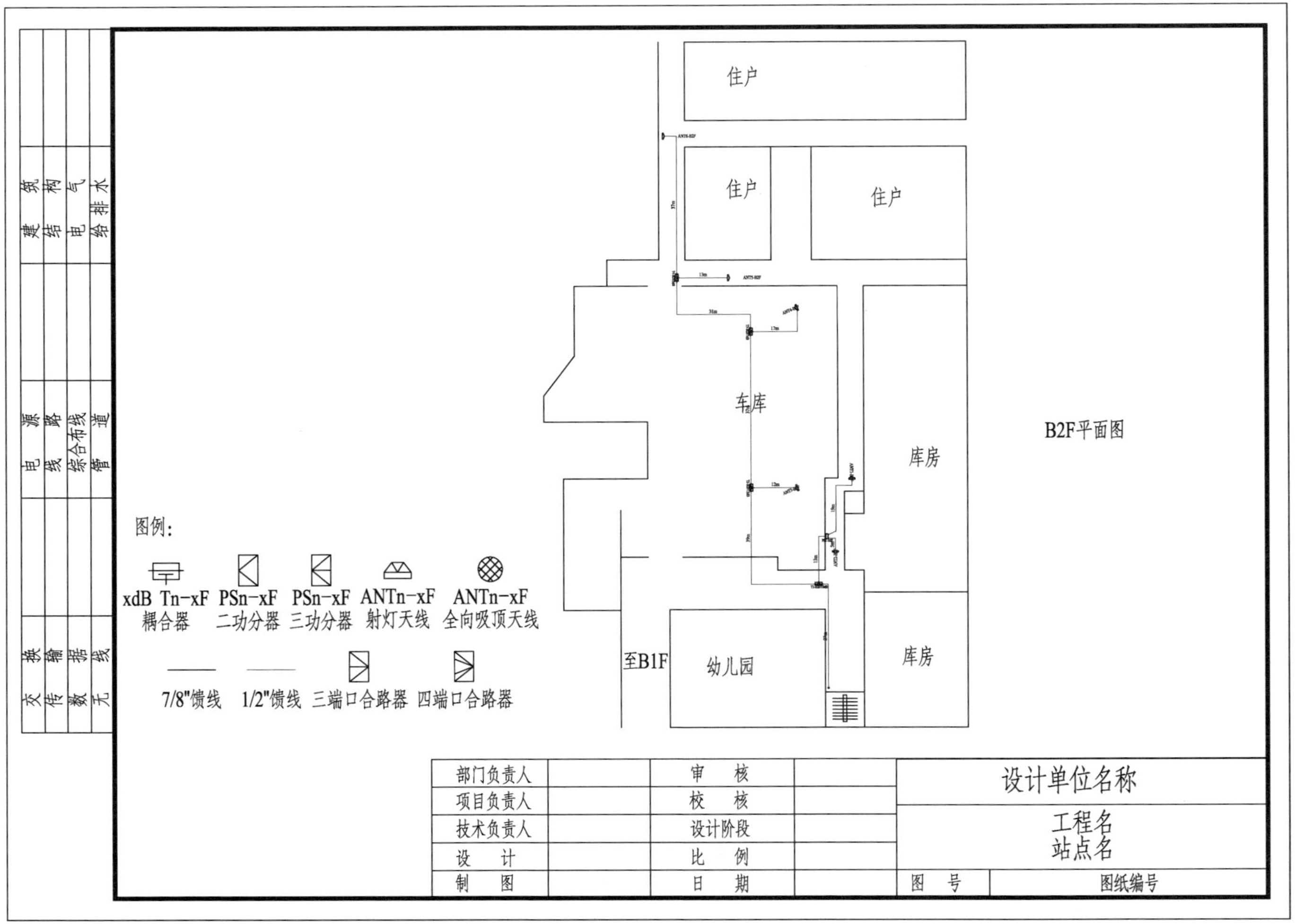

图 7-2-5 B2F 室内布线图

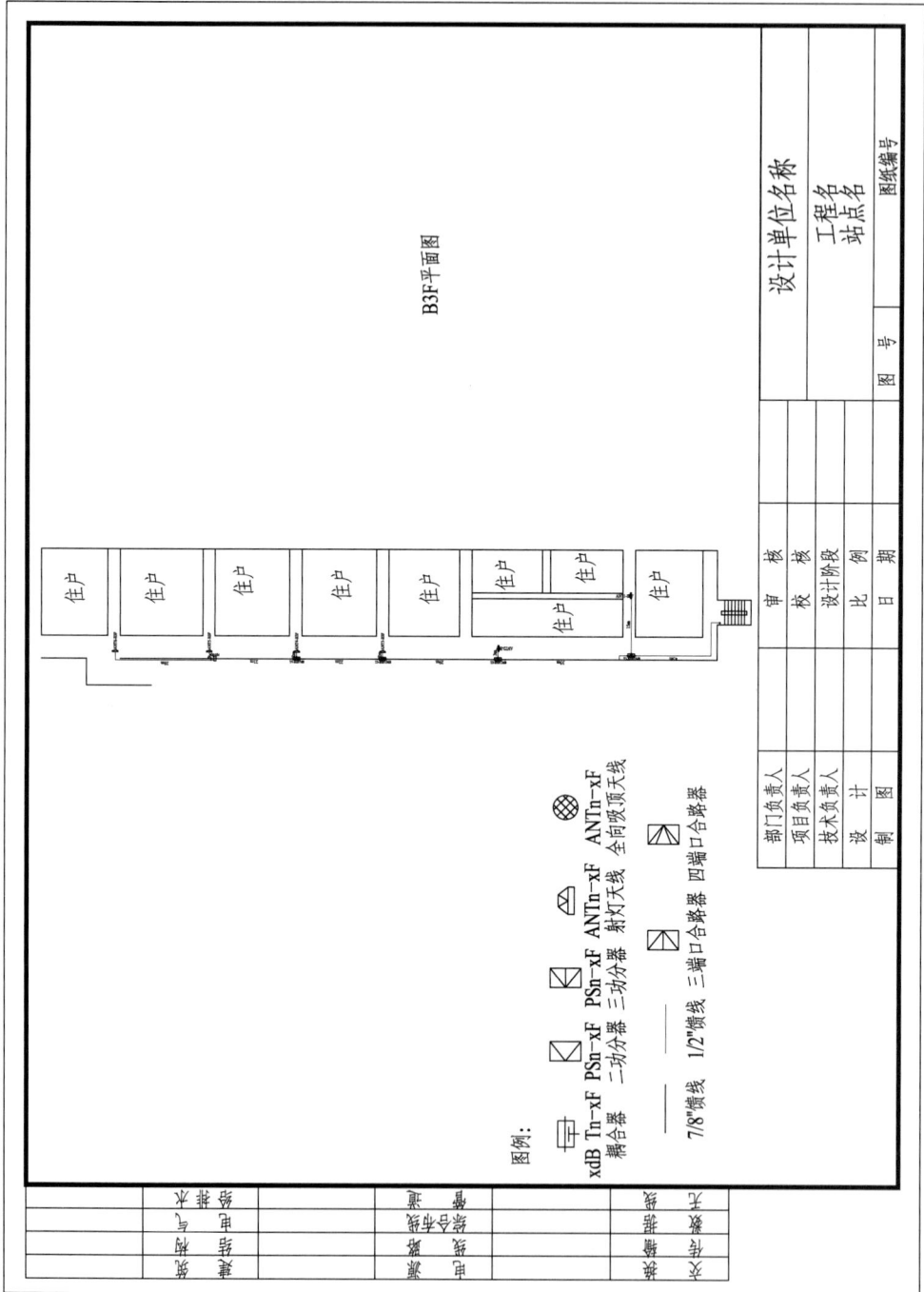

图 7-2-6 B3F 室内布线图

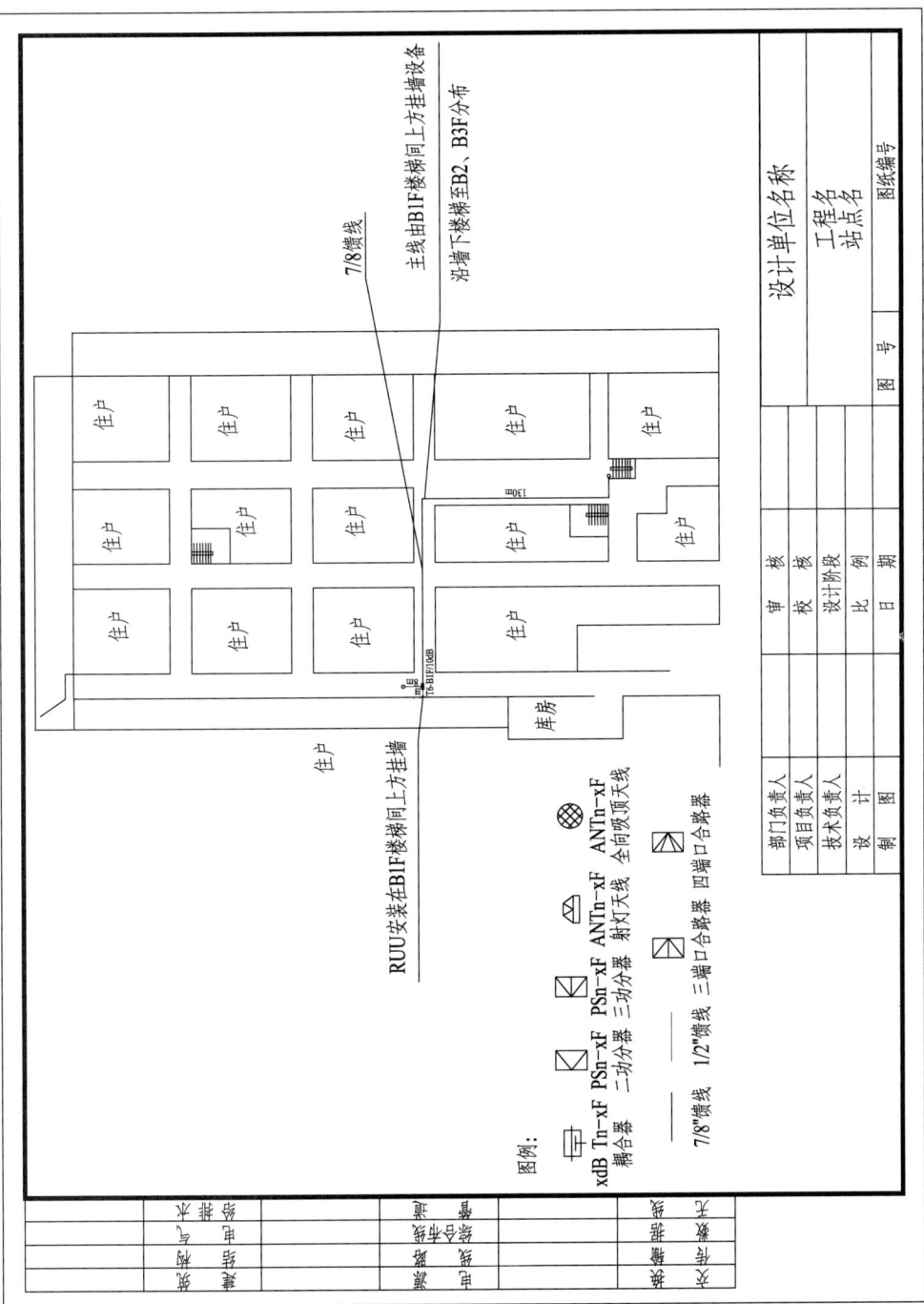

图 7-2-7 B1F 室内布线主线图

总　结

通过本项目LTE室外站设计图、LTE室内分布站点设计图的认识与绘制，对通信工程制图的绘制有更进一步的掌握。

思考题

1. 绘制LTE室外站设计图的注意事项有哪些?
2. 绘制LTE室内分布系统设计图的注意事项有哪些?

项目实训

完成项目七项目总结。

参考文献

[1] 卓晓波. AutoCAD 基础案例教程[M]. 北京：科学出版社，2011.
[2] 祝军. 通信建设工程概预算管理与实务[M]. 北京：人民邮电出版社，2015.
[3] 解相吾. 通信工程设计制图[M]. 北京：电子工业出版社，2014.
[4] 解相吾. 通信工程设计制图与概预算[M]. 北京：电子工业出版社，2019.
[5] 田绍川. 通信线路工程施工管理与监理[M]. 成都：西南交通大学出版社，2017.
[6] 黄艳华. 现代通信工程制图与概预算[M]. 北京：电子工业出版社，2011.
[7] 张永红. 信息通信建设工程概预算管理与实务[M]. 北京：人民邮电出版社，2017.

附录 通信工程制图中的常用图形符号

表1 符号要素

序号	名称	图例	说明
1	基本轮廓线	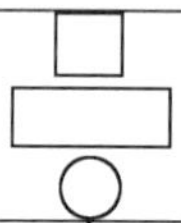	元件、装置、功能单元的基本轮廓线
2	辅助轮廓线	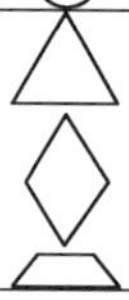	元件、装置、功能单元的基本轮廓线
3	边界线	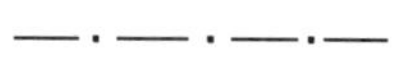 —·—·—·—	功能单元的边界线
4	屏蔽线（护罩）		

表2 连接符号

序号	名称	图例	说明
1	连接、群连接	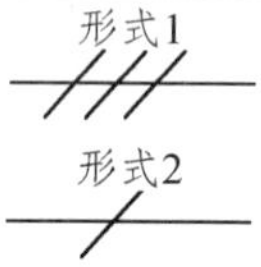 形式1 形式2	导线、电缆、传输通道等的连接； 当用单线表示一组连接时，连接数量可用短线个数表示，或用一根短线加数字表示； 示例为三个连接，三条连接线
2	T形连接	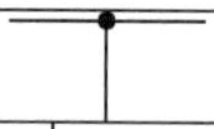	
3	双T形连接	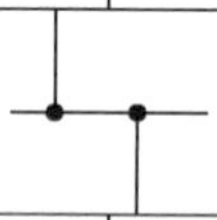	
4	十字双叉连接	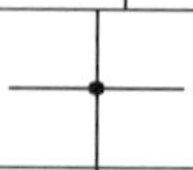	
5	跨越	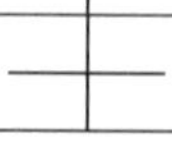	
6	插座		指插座内孔或插座的一个极
7	插头		指插头的凸头或插头的一个极
8	插头和插座		

表 3 交换系统、数据及 IP 网

序号	名称	图例	说明
1	国际局	▭	可以加注文字符号表示设备的等级、容量、用途、规模及局号。 必要时增加以下符号表示不同的设备、局、站： ISC：国际交换机； ISTP：国际信令转接点； Router：国际出入口路由器； ATM/FR：国际出入口 ATM/FR 交换机； ISSP：国际业务交换点
2	长途汇接点	▭	可以加注文字符号表示设备的等级、容量、用途、规模及局号。 必要时增加以下符号表示不同的设备、局、站： DC1、DC2：固定网长途交换机； TMSC1、TMSC2：移动网长途汇接局； HSTP：信令转接点； SSP：业务交换点； Router：核心路由器； ATM/FR：核心 ATM/FR 交换机； PRC：基准钟； NMC-N：全国网管中心； BC-N：全国计费结算中心
3	本地汇接节点	▭	可以加注文字符号表示设备的等级、容量、用途、规模及局号。 必要时增加以下符号表示不同的设备、局、站： TS：固定网长途交换机； LSTP：信令转接点； SSP：业务交换点； Router：本地核心路由器； ATM/FR：本地核心 ATM/FR 交换机； LPR：区域基准钟； NMC-P：省级网管中心； BC-P：省级计费结算中心

续表

序号	名称	图例	说明
4	端局、汇聚层设备	○	可以加注文字符号表示设备的等级、容量、用途、规模及局号。 必要时增加以下符号表示不同的设备、局、站： LS：市话交换端局； SP：信令点； SSP：业务交换点； Router：汇聚层路由器； ATM/FR：汇聚层 ATM/FR 交换机； BITS：大楼综合定时系统； OMC：本地维护中心，计费采集设备
5	远端模块、接入层设备	▱	可以加注文字符号表示设备的等级、容量、用途、规模及局号。 必要时增加以下符号表示不同的设备、局、站： RSU：远端模块； PBX：用户交换机； Router：接入层路由器； ATM/FR：接入层 ATM/FR 交换机； PAD：分组接入设备； MODEM：调制解调器
6	软交换机	△	可以加注文字符号表示设备的等级、容量、用途、规模及局号。 必要时增加以下符号表示不同的设备、局、站： SS：软交换机； MSC Server：MSC 软交换服务器； GK：关守
7	网关	▷	可以加注文字符号表示设备的等级、容量、用途、规模及局号。 必要时增加以下符号表示不同的设备、局、站： TG：中继网关； SG：信令网关； MGW：媒体网关； AG：接入网关； GW：IP 电话网关； IAD：综合接入设备

续表

序号	名称	图例	说明
8	HLR SCP SGSN	(圆柱体图形)	可以加注文字符号表示设备的等级、容量、用途、规模及局号。 必要时增加以下符号表示不同的设备、局、站： HLR：归属位置寄存器； SCP：业务控制点； SGSN：业务 GPRS 支持节点
9	局域网交换机/集线器	(立方体图形)	可以加注文字符号表示设备的等级、容量、用途、规模及局号。 必要时增加以下符号表示不同的设备、局、站： L3：三层交换机； L2：二层交换机； HUB：集线器
10	防火墙	(矩形图形)	
11	路由器	(扁圆柱体图形)	可以加注文字符号表示设备的等级、容量、用途、规模及局号。 必要时增加以下符号表示不同的设备、局、站： ROUTER：路由器； GGSN：网关 GPRS 支持节点； PDSN：分组数据服务节点； ATM/FR：ATM/FR 交换机

表 4 传输设备

序号	名称	图例	说明
1	光传输设备 节点基本符号	(方框内带星形图形)	*表示传输设备的类型： S：SDH 设备； W：WDM 设备； A：ASON 设备； P：PDH 设备
2	微波传输	(Z字形图形)	
3	告警灯	(圆形带黑色三角图形)	
4	告警铃	(半圆铃形图形)	

续表

序号	名称	图例	说明
5	公务电话		
6	大楼综合定时系统		
7	网管设备		
8	ODF/DDF 架		
9	WDM 终端型波分复用器		16/32/40/80 波等
10	WDM 光线路放大器		
11	WDM 光分插复用器		16/32/40/80 波等
12	4∶1 透明复用器		1∶8、1∶16 依次类推
13	SDH 终端复用器		
14	SDH 分插复用器		
15	SDH 中继器		
16	DXC 数字交叉连接设备		
17	ASON 设备		

表5 机房建筑及设施

序号	名　称	图　例	说　明
1	墙		墙的一般表示方法
2	可见检查孔		
3	不可见检查孔		
4	方形孔洞		左为穿墙洞，右为地板洞
5	圆形孔洞		
6	方形坑槽		
7	圆形坑槽		
8	墙预留洞		尺寸标注可采用宽×高或直径形式
9	墙预留槽		尺寸标注可采用宽×高×深形式
10	空门洞		
11	单扇门		包括平开或单面弹簧门；作图时开度可为45°或90°
12	双扇门		包括平开或单面弹簧门；作图时开度可为45°或90°
13	对开折叠门		
14	推拉门		
15	墙外单扇推拉门		
16	墙外双扇推拉门		
17	墙中单扇推拉门		

续表

序号	名称	图例	说明
18	墙中双扇推拉门		
19	单扇双面弹簧门		
20	双扇双面弹簧门		
21	转门		
22	单层固定窗		
23	双层内外开平开窗		
24	推拉窗		
25	百叶窗		
26	电梯		
27	隔断		包括玻璃、金属、石膏板等；与墙的画法相同，厚度比墙窄
28	栏杆		与隔断的画法相同，宽度比隔断小，应有文字标注
29	楼梯		应标明楼梯上（或下）的方向
30	房柱	□ 或 ■	可依照实际尺寸及形状绘制，根据需要可选用空心或实心
31	折断线		不需画全的断开线
32	波浪线		不需画全的断开线
33	标高	室内 室外	

表6 光缆

序号	名称	图例	说明
1	光缆		光纤或光缆的一般符号
2	光缆参数标注	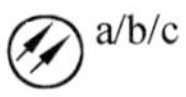 a/b/c	a——光缆型号； b——光缆芯数； c——光缆长度
3	永久接头		
4	可拆卸固定接头		
5	光连接器 （插头-插座）	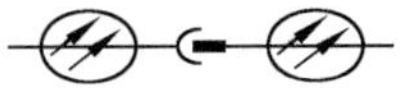	

表7 通信线路

序号	名称	图例	说明
1	通信线路		通信线路的一般符号
2	直埋线路		适用于路由图
3	水下线路、海底线路		适用于路由图
4	架空线路		适用于路由图
5	管道线路	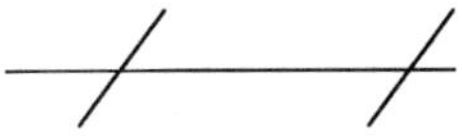	管道数量、应用的管孔位置、截面尺寸或其他特征（如管孔排列形式）可标注在管道线路的上方； 虚斜线可作为人（手）孔的简易画法； 适用于路由图
6	线路中的充气或注油堵头		
7	具有旁路的充气或注油堵头的线路		
8	沿建筑物敷设通信线路	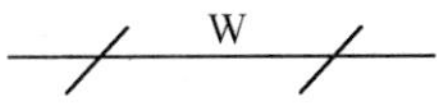 W	适用于路由图
9	接图线		

表 8 线路设施与分线设备

序号	名 称	图 例	说 明
1	防电缆光缆蠕动装置		类似于水底光电缆的丝网或网套锚固
2	线路集中器		
3	埋式光缆电缆铺砖、铺水泥盖板保护		可加文字标注明铺砖为横铺、竖铺及铺设长度或注明铺水泥盖板及铺设长度
4	埋式光缆电缆穿管保护		可加文字标注表示管材规格及数量
5	埋式光缆电缆上方敷设排流线		
6	埋式电缆旁边敷设防雷消弧线		
7	光缆电缆预留		
8	光缆电缆蛇形敷设		
9	电缆充气点		
10	直埋线路标石		直埋线路标石的一般符号；加注 V 表示气门标石；加注 M 表示监测标石
11	光缆/电缆盘		
12	电缆气闭套管		
13	电缆直通套管		
14	电缆分支套管		
15	电缆接合型接头套管		
16	引出电缆监测线的套管		
17	含有气压报警信号的电缆套管		
18	压力传感器		
19	电位针式压力传感器		

续表

序号	名称	图例	说明
20	电容针式压力传感器		
21	水线房		
22	水线标志牌	或	单杆及双杆水线标牌
23	通信线路巡房		
24	光电缆交接间		
25	架空交接箱		加 GL 表示光缆架空交接箱
26	落地交接箱		加 GL 表示光缆落地交接箱
27	壁龛交接箱		加 GL 表示光缆壁龛交接箱
28	分线盒	简化形	分线盒一般符号 注：可加注 $\frac{N-B}{C}\bigg\|\frac{d}{D}$ 其中 N——编号； B——容量； C——线序； d——现有用户数； D——设计用户数
29	室内分线盒		
30	室外分线盒		
31	分线箱	简化形	分线箱的一般符号 加注同 3～28
32	壁龛分线箱	简化形 W	壁龛分线箱的一般符号 加注同 3～28

表9 通信杆路

序号	名　称	图　例	说　明
1	电杆的一般符号	○	可以用 $\dfrac{A-B}{C}$ 标注 其中　A——杆路或所属部门； B——杆长； C——杆号
2	单接杆	○○	
3	品接杆	○○○	
4	H形杆	○ H 或 ○○	
5	L形杆	○ L	
6	A形杆	○ A	
7	三角杆	○ △	
8	四角杆	○ #	
9	带撑杆的电杆	○—⊢	
10	带撑杆拉线的电杆	○→⊢	
11	引上杆	○●	小黑点表示电缆或光缆
12	通信电杆上装设避雷线	○ ⏚	
13	通信电杆上装设带有火花间隙的避雷线	○ ⏚	
14	通信电杆上装设放电器	○ ○A ⏚	在A处注明放电器型号
15	电杆保护用围桩	⊙	河中打桩杆

续表

序号	名　称	图　例	说　明
16	分水桩		
17	单方拉线	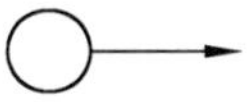	拉线的一般符号
18	双方拉线	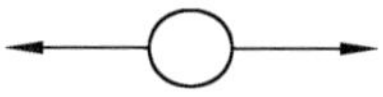	
19	四方拉线	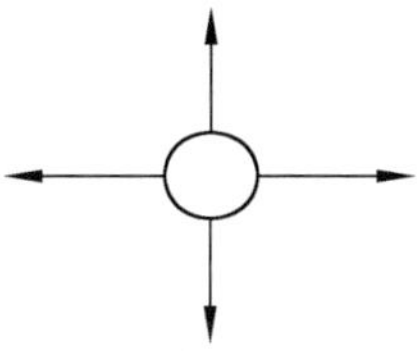	
20	有V形拉线的电杆	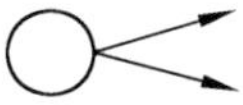	
21	有高桩拉线的电杆	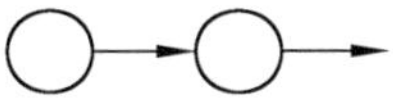	
22	横木或卡盘		

表 10　通信管道

序　号	名　称	图　例	说　明
1	直通型人孔	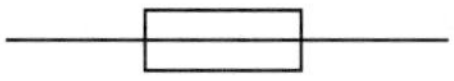	人孔的一般符号
2	手孔	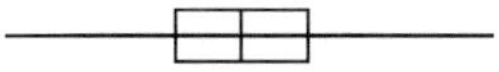	手孔的一般符号
3	局前人孔	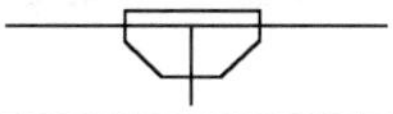	
4	斜通型人孔	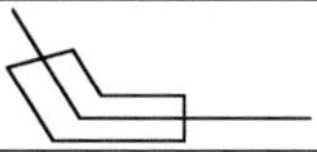	
5	三通型人孔	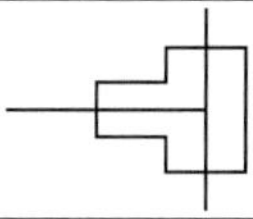	
6	四通型人孔	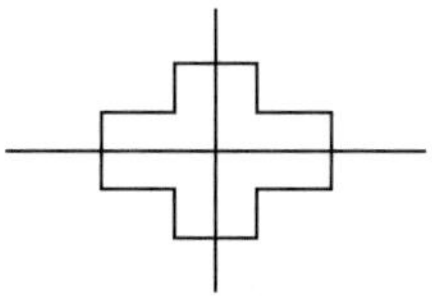	
7	埋式手孔	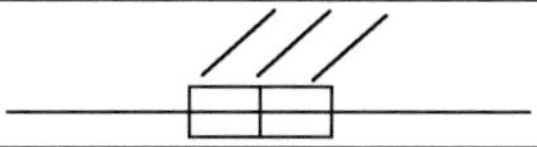	

161

表 11 地形图常用符号

序 号	名 称	图 例	说 明
1	房屋		
2	窑洞		
3	油井		
4	油库		
5	矿井		
6	建筑物下通道		
7	体育场		
8	过街天桥		
9	过街地道		
10	一般铁路		
11	电气化铁路		
12	一般公路		
13	大车路、机耕路		
14	乡村小路		
15	高架路		
16	涵洞		
17	铁路桥		
18	公路桥		

续表

序号	名　称	图　例	说　明
19	人行桥		
20	常年河		
21	时令河		
22	常年湖	 青湖	
23	时令湖		
24	池塘	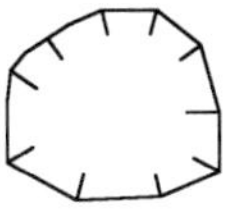	
25	水井	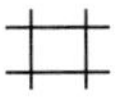	
26	稻田	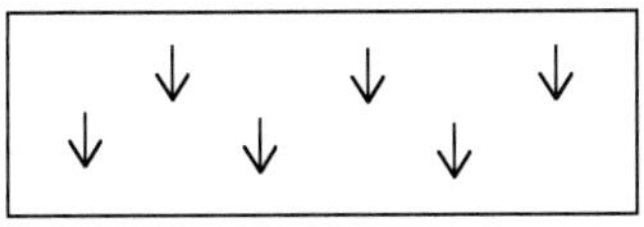	
27	旱地	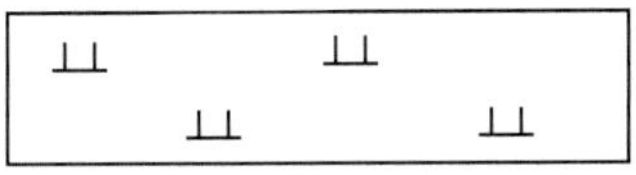	
28	菜地	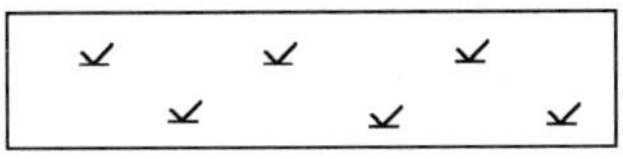	
29	果园	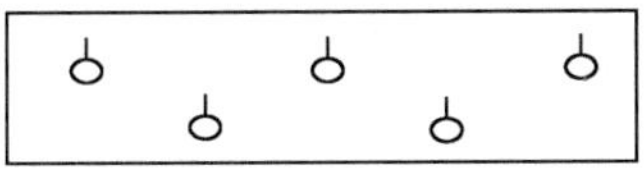	果园及经济林一般符号；可在其中加注文字，以表示果园的类型，如苹果园、梨园等
30	林地	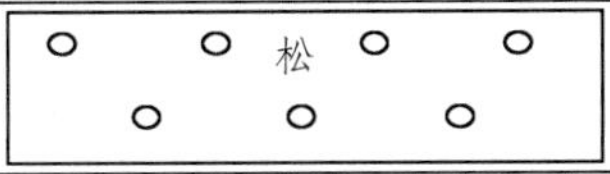 松	
31	灌木林	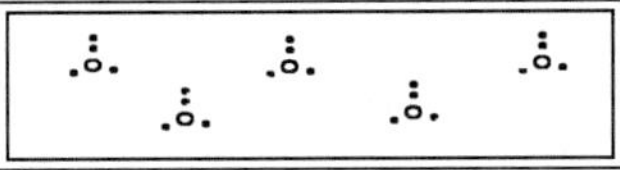	
32	天然草地	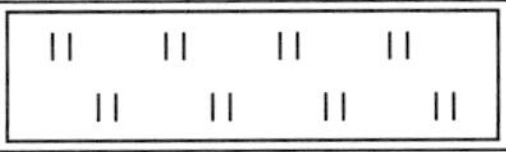	

163

续表

序号	名称	图例	说明
33	人工草地	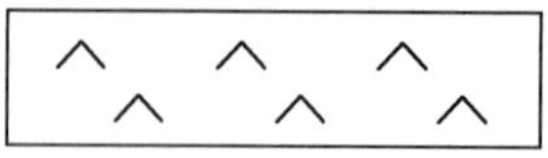 ∧ ∧ ∧ ∧ ∧	
34	国界	—•—•—	
35	省、自治区、直辖市界	 ▬ ▬ ▬ ▬	
36	地区、自治州、盟、地级市界	 — — • — — • — —	
37	围墙	 ▬ ▬ ▬ ▬	
38	栅栏、栏杆	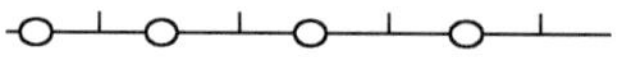 ─○─○─○─○─	

表 12 移动通信及无线传输

序号	名称	图例	说明
1	手机	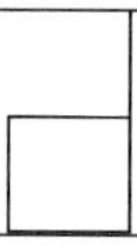	
2	基站	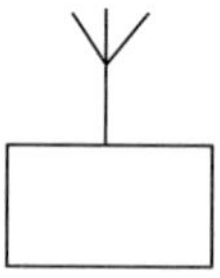	可在图形内加注文字符号表示不同技术,例如: BTS:GSM 或 CDMA 基站; NodeB:WCDMA 或 TD-SCDMA 基站
3	全向天线	 ● 俯视　　正视	可在图形内加注文字符号表示不同类型,例如: Tx:发信天线; Rx:接收天线; Tx/Rx:收发共用天线
4	板状定向天线	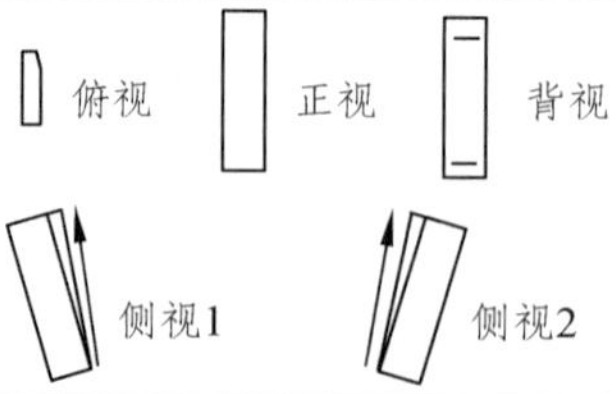 俯视　正视　背视 侧视1　侧视2	可在图形内加注文字符号表示不同类型,例如: Tx:发信天线; Rx:接收天线; Tx/Rx:收发共用天线
5	八木天线	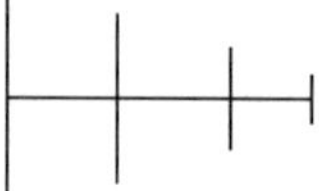	

续表

序 号	名 称	图 例	说 明
6	吸顶天线	T_x/R_x	
7	抛物面天线		
8	馈线		
9	泄漏电缆		
10	二功分器		
11	三功分器		
12	耦合器		
13	干线放大器		
14	传输电路	V+S+T+……	如需要表示业务种类,可在虚线上方加注如下字符: V：电视通道； T：数据通道； S：语音通道
15	波导及同轴电缆一般符号		
16	矩形波导		
17	圆形波导		
18	椭圆形波导		
19	同轴波导		
20	矩形软波导		